品味香槟

［法］巴特里克·马欤（Patrick Mahé）著　周劲松 译

摄影［法］绍姬·冯·德尔·豪斯特（Shoky Van der Horst）

机械工业出版社
CHINA MACHINE PRESS

香槟，这种集尊贵、优雅、浪漫、神秘于一身的起泡酒，一直受到品酒爱好者的青睐。它会给你的生活平添激情、活力，因此每每在庆祝场合、浪漫的场景……都会听到开瓶时的喜悦，看到跳动的气泡，闻到陈年的轻盈香气。本书将为读者详细地介绍香槟的文化，是香槟爱好者、葡萄酒爱好者不可多得的珍藏图书。

图书在版编目（CIP）数据

品味香槟 /（法）巴特里克·马欸（Patrick Mahé）著；周劲松译. — 北京：机械工业出版社，2016.6
书名原文：Culture Champagne
ISBN 978-7-111-54112-7

Ⅰ.①品… Ⅱ.①巴… ②周… Ⅲ.①香槟酒 – 普及读物 Ⅳ.①TS262.6–49

中国版本图书馆 CIP 数据核字（2016）第145716号

机械工业出版社（北京市百万庄大街22号 邮政编码100037）
策划编辑：赵 屹   责任编辑：赵 屹 於 薇
责任印制：李 洋   责任校对：赵 蕊
北京汇林印务有限公司印刷

2016年7月第1版·第1次印刷
210mm×270mm·12印张·3插页·205千字
标准书号：ISBN 978-7-111-54112-7
定价：88.00元

凡购本书，如有缺页、倒页、脱页，由本社发行部调换
电话服务   网络服务
服务咨询热线：（010）88361066   机工官网：www.cmpbook.com
读者购书热线：（010）68326294   机工官博：weibo.com/cmp1952
　　　　　　　（010）88379203   教育服务网：www.cmpedu.com
封面无防伪标均为盗版   金书网：www.golden-book.com

品味香槟

过量饮用香槟对身体有害，但不妨碍无限制地翻读本书。

香槟是一款值得尊重的葡萄酒……

　　经过8年的不懈努力，香槟省的香槟种植丘陵、酒庄和酒窖于2015年7月4日全票通过了联合国教科文组织的评审，成为世界文化遗产。当时还有位大使对香槟文化风景刚被列入世界文化遗产保护目录表示惊讶，毕竟这一文化风景产出了杰出的香槟葡萄酒，这也是欧洲最为知名的原产地保护标识。这位大使的惊讶也说明没什么是天生而来的，能被列入世界文化遗产保护名录，这本身也是整个香槟地区奋争的结果。香槟人也完全意识到，他们所需要传承的是一块独一无二的土地，一款永远位于品质巅峰的葡萄酒，还包括代表了法兰西精致文化中的优良品位和对生活的庆典。

　　中国消费者对香槟葡萄酒也兴趣盎然。2013年，中国正式承认了香槟的特殊性，并认可了对于香槟原产地的保护标识，这也就意味着会采取极严密的保护措施来抵御各种对香槟葡萄酒的模仿和冒用。在中国开始出现越来越多的香槟葡萄酒爱好者和认知者，有越来越多的中国美食更有利于餐酒搭配，人们对差异化和豪华的追求等因素也促使香槟消费者的人群逐步扩大，他们渴望了解并乐于分享同一文化——香槟文化。在过去一年，中国市场总共进口了3721万瓶香槟，列香槟全球出口地区排名中的第十位，在亚洲名列第二，落后于日本。事实上，香槟在中国的认知度还是不高，但市场发展潜力巨大，尤其是香槟葡萄酒所代表的价值观，比如品质、独特、优雅、有品位等，得到了精英人士的认可。

　　走进香槟世界的最好方法就是品鉴，这最好有经验丰富的侍酒师陪伴或通过香槟委员会开发的电子信息平台（www.champagnecampus.cn）进行了解。当然，更好的是来香槟省旅游访问，巴黎距离我们并不遥远。不论是为了迈出这第一步，准备这次的发现旅程，还是与朋友们简单分享，这本中文版的《品味香槟》都有其重要意义——可以用中文了解香槟地区、香槟文化和香槟酒。精准的翻译并辅之以完美的图片，这本书值得每一位中国的葡萄酒爱好者收藏。

佩文森

香槟委员会秘书长

目 录

介 绍

　　嘭！就好像是漫画书中画的那样，提到香槟酒塞，人们脑海里就会将酒塞和声音结合在一起。啊，香槟酒塞。用一个词和一个节庆时的动作，它就能释放出那么多令人喜悦的气泡。当然这些释放出的气泡也能让一位年轻的葡萄酒人晕倒，因为如果真的想去数一数香槟酒中所释放出的气泡的话，那真是让人眼晕，因为香槟气泡根本数不清。每一杯香槟酒都会有二十亿个气泡！请跟随着本书吧，我们将尽所能地将文字之优美与图片之美丽结合在一起，为您带来一场感官盛宴。口腔中的乐趣自然能与视觉感受交叉互动。这就是我们试图为您带来的在一块独一无二的土地上的旅行。从马恩河谷到兰斯山，这片土地的面积大概是3万5000公顷，然后又根据不同的地层分成了不同的特级产区。这些特级产区总共有十七个，其中九个在兰斯山，两个在马恩河谷，六个位于布朗丘（白丘）。这些特级产区在市场上有很高的知名度，并在香槟酒的售价上有所体现。围绕着各自的岩石区，三百多个村庄拥有着自己的首府和自己的教堂——兰斯市、埃佩尔内市和特鲁瓦市。就像是灯塔上的聚光灯一样，这三个城市将葡萄园紧紧地凝聚在一起。

　　这座灯塔也同样吸引了联合国教科文组织的注意。于是经过多年的努力，香槟也具备了国际知名度，也因此原产地得到了保护。这当然也是多年来在外交领域进行公关的结果。需要说明的是，在这一申请过程中，无论是香槟酿造大厂还是小作坊，他们都为此共同努力。联合国教科文组织将兰斯–埃佩尔内–阿依这个金三角列为世界文化遗产，也是通过这块小小的法兰西土壤在整个世界范围内传承法兰西国王克洛维斯（Clovis）和圣雷米教士（Saint Rémi）的遗产。有历史

前页彩图：位于马恩河查利地区的拉努－布拉耶（Lanou–Brayé）葡萄园，位于兰斯的库克（Krug）品牌香槟酒窖，以及巴黎布里斯托尔酒店内的酒吧。**左页**：堆积成墙的老酒桶，是库克品牌香槟的自豪。

记载说是在公元496年，国王加冕的时候，圣雷米教士从一个空的葡萄酒桶中神奇地倒出了葡萄酒。实际上，在法兰西第一位国王加冕前，古罗马军团的士兵们就已经在这里喝着香槟区的葡萄酒了。

剩余的事情就是要为这美妙的饮料搭配上音乐，使得气泡从这清澈的葡萄酒中持久、连绵不断地冒出来。这部书首先是要去追寻上维莱尔（Hautvillers）教堂酒窖看守者，神奇的唐·培里侬教士的足迹。在17世纪末期，是他将听天由命的自然发酵气泡酒转变为今日众所周知的节日香槟酒。本书也讲述从曾经的欧洲知名贵族到20世纪初的沙皇都是如何享用香槟的。书中的插图分明是带领我们做了一次葡萄园旅行：从花园般的葡萄园，到手工采摘，再到又像迷宫又像地下教堂的地下石灰岩洞，在这个低调私密的环境下，香槟酒逐步走向成熟。一般来说，香槟酒要在酒窖里生活近15个月。通过作家兼香槟坡骑士会秘书长的尼古拉斯·德·拉波堤（Nicolas de Labaudy）的颂扬，我们也会了解到那些知名的香槟厂家其实会将自己的香槟在酒窖里储藏更长时间，让香槟更好地绽放。

每一瓶香槟都是非常珍贵的，同时也是一件艺术品。从极具创造力的凯歌夫人（Veuve Clicquot）开始到第一次世界大战前的美好时代，不断有香槟品牌主掌时代潮流，香槟与女性完美地结合在一起。比如，针对年份香槟的包装就会经常寻找些知名的艺术家进行创作，就好像是为女性们定制晚装一样。人们常说穿袈裟未必就是僧侣，但在香槟省还真有两位僧侣——唐·培里侬教士和他的同僚唐·瑞纳特（Don Ruinart）教士做出了极大的贡献，他们肯定能像识别出迷失的羔羊识别当今的香槟。如果说香槟带来分享的乐趣，是任何一个值得庆祝的场合都不能缺少的元素，那么它同时也是需要保护的杰出艺术品。适度地饮用和品鉴香槟酒，是对它美妙口感的尊敬。如同香槟省只有一个一样，香槟酒也是独一无二的。来吧，开瓶吧，但要又快又准！

右页： 在各种隆重仪式上，经常会见到的一种香槟酒展示形式——香槟金字塔或者被称为是香槟喷泉。

世界之独一无二

金三角、形象大使、兄弟会与骑士团……围绕着香槟酒有着众多的词语、众多的表达和各种荣耀。也正因如此，我们才可以理解为什么香槟省的320个村庄要齐心合力地将这块土地列入联合国教科文组织的文化遗产目录上。

在打开香槟酒塞庆祝之前，从阿依丘到沙龙（Chalons）的核心区，从埃佩尔内到兰斯的圣尼凯斯山，从马恩河畔的查利地区到力依山区，从布朗丘（白丘）到巴尔坡，从地下酒窖到曾经采集垩石的隧道……简单地说，这片广达34 500公顷土地上的320个村团结在一起，经历了一次漫长的外交马拉松，并最终拿到了"圣杯"——被列为世界文化遗产。在本笃会最为著名的教士唐·培里侬的祝福下，历经多年的努力终于修成正果。

这次世界文化遗产申请的过程极其漫长，如果说在国家层面提出正式申请是2012年的话，那么在此之前的十年中，这个申请就已经经历了层层评估：首先是当地范围的，然后是省级葡萄酿酒人工会、马恩河两岸的各个合作社，再然后是各个政党的代表、市长、市政府，各类大小经销商、各个兄弟会、在兰斯的封闭式香槟会，最后是进入巴黎，各种法国委员会，四十位顾问，最终是法国文化部和环保部，这才能进入最后的评估委员会。但也不是随便一个项目就能进入这个委员会，例如勃艮第区的申请就曾被该委员会退回，要求补充材料后重新递交。但仍有几个特例，第二次世界大战后成立的联合国集中了世界上的196个国家，而它的教育、科学和文化分支（教科文组织）有195名成员，其总部位于巴黎埃菲尔铁塔附近的一座被深色玻璃包裹着的建筑里。于是

人们有理由相信，法国申报的项目或许会有更多机会来获得这个组织的认可。但事实是，获得教科文组织的认可并不那么简单。在936个被教科文组织列为世界文化遗产的项目中，法国仅有37个，其中包括位于兰斯的圣母院（建于13世纪）和圣雷米修道院。确实要说的是，法兰西第一位国王克洛维斯（Clovis）就是在圣母院所在的地方由圣雷米教士本人加冕的。

左图：露瓦村教堂钟下的罗兰百悦香槟（Champagne Laurent Perrier）葡萄园。

右上图：葡萄园建立在沉积于中生代的白垩土层上。

右下图：带有上百座怪兽，艾宾内（Epine）圣母院被列为世界文化遗产。

下页左图：兰斯大教堂内的玻璃画和雕塑都表现了对葡萄农劳作的敬意。

下页右图：在圣雷米修道院的支撑柱及屋顶下，可以看到各种玻璃窗画。

香槟的"突出的普遍价值"（Valeur Universelle Exceptionnelle）

　　兰斯，香槟地区光耀之城和地区名片。近10个世纪以来，从公元816年的虔诚路易国王到1825年的查理十世，法兰西王国始终在此加冕他们的国王。兰斯自然无愧于"加冕之城"和"国王之城"的称号，其城徽就是银色的桂树枝围绕着金色的、象征皇权的百合，突出表现了对于王国的忠实，其城市格言是"望上帝保佑"。当然，兰斯也没有忘记它的王牌产品——香槟，特别是那些现在属于泰亭哲家族的香槟伯爵与骑士的遗迹，还有圣尼凯斯修道院遗址和周边城中的葡萄园。从整体来说，香槟省的葡萄园面积很大，跨越五个省，从香槟—阿登到塞纳河—马恩河。这也是向联合国教科文组织申请列为世界文化遗产项目的核心区域。这个核心区域必须具备区域的整体性和风土的多样性，只有这样才能符合"突出的普遍价值"这一联合国教科文组织授予某个地区或某个物质"文化遗产"称号的标准。"突出的普遍价值"与香槟酒的符合度很高。正是基于这一点，香槟风景协会（Paysage du Champagne）出台了一整套标准来作为整个申请文档的补充。

　　全身心投入到这个香槟"突出的普遍价值"的人叫皮埃尔·舍瓦尔（Pierre Cheval）；他本人在阿依村酿造香槟。而著名的水晶珠宝商雷内·拉里克（René Lalique）也是在阿依这

左页图：马恩河由东向西穿过整个香槟地区，从香槟沙龙（Chalons-en-Champagne）一直到提埃里城堡（Château Thierry），它灌溉着马恩图尔（Tours-sur-Marne）、阿依（Ay）、埃佩尔内（Epernay）和马勒依（Mareuil）。

右侧图：埃佩尔内市的香槟大街，即便是夜晚，也仍旧灯火辉煌。

个村里出生的。作为新艺术（Art Nouveau）的
发起人，他曾创作过一款戒指，名为"起泡指
环"，其用意是让人们时刻追忆起香槟所能带
来的节日般的感受。这款戒指是在黄金上镶嵌
着琥珀色的水晶和钻石。兰斯仅有4000人常住
人口，但这是座有着35家香槟生产商的城市，
坐落在一片森林和丘陵的脚下，马恩河从其间
穿过，市中的那条香槟大街尤其让兰斯自豪。

阿依村的传说

　　皮埃尔·舍瓦尔（Pierre Cheval）的故事
还真不简单。他是高级公务员，曾在巴黎市政
府内辅佐当时的第一副市长阿兰·朱佩（Alain
Juppé）。皮埃尔·舍瓦尔自己也是出生于阿
登地区，不久就因为岳父母家的遗产继承问题
而来到了他妻子玛丽·劳尔（Marie-Laure）的
家乡。玛丽·劳尔总共姐妹四个，但家里还是

右上图：皮埃尔和路易斯·舍瓦尔家
的传统压汁机。

右下图：好像是戴上了指环，每一瓶
香槟丝扣都带着伽提努瓦家族印记。

右页图：距离圣母院不远，在塔乌宫
（Palais du Tau）附近，弗兰肯（Maison
Vranken）酒庄的葡萄树在兰斯市中
心茂盛生长。

决定找个男人来掌控家族的香槟酒庄。于是，皮埃尔·舍瓦尔放弃了枯燥无味的财政部高级公务员的工作，换上了酒农的服装。这是在1980年的事情，当时他年仅30岁。顶级的阿维兹中学的两年速成课使得他对葡萄采收和混酿艺术的掌握更为精湛。事实上，在作为葡萄酒爱好者的时候，他就已经很了解这些了，但当时更多是作为一种爱好。最主要的是，经过这段时间的培训，皮埃尔掌控了香槟酒庄。他继承的是既有历史价值，又原汁原味的遗产——伽提努瓦（Domaine Gatinois），这是个写进阿依村传说中的酒庄。在酒庄接待处的入口还保留着这个家族使用过的葡萄压汁机。但来客的目光很快会被接待处巨大的家族族谱树所吸引。在这棵族谱树上，每个枝叶都代表着一个传统，代表着300年来，十二代人在香槟丘陵地区的耕耘。

这么说起来，皮埃尔·舍瓦尔被任命为丘陵骑士会（l'Ordre des Coteaux）的指挥官也就不是件令人惊讶的事儿了。众所周知，丘陵骑士会汇集了整个产业最为知名的人物，而皮埃尔·舍瓦尔是其中唯一一位自己耕种采收的酒农（recoltant），而其他穿袍佩剑的人物更多是来自那些知名产区的葡萄酒商。从1696年外号是摔跤手的尼古拉斯与佛朗索瓦斯·雷米联姻以来，舍瓦尔和伽提努瓦的祖先们就一直掌控着那些独具特色的地块——科尔塞尔十字架（La Croix Courcelle）、舍哉尔（Cheuzelle）、瓦尔农（Valnon）、沃格涅尔

（Vaugrenier）……可以想象的是，这些先祖或许会因为他们的后代路易·舍瓦尔（Louis Cheval）能够获得同业们的认可而感到欣慰，毕竟是路易·舍瓦尔使黑皮诺成为家族混酿香槟的代表品种。

教科文组织之战

获取联合国教科文组织"突出的普遍价值"认证的过程堪比一场战役。在这场战役中最能代表香槟酒农的非路易·舍瓦尔莫属。如

果香槟能够获得这个认证，就等于是香槟产区获得保护，继而结束那些野蛮的盗用。香槟毕竟是豪华品的同义词，非法盗用香槟品牌的直接结果是忽视了香槟省这块极具个性的土地。受够了那些曾经有过的带着香槟字样的牙膏、洗发液、饼干、香水，还有叫黄色科里克欧（jaune Clicquot）的巴西洗浴泡泡剂，或者是在美国生产的姜味气泡水也曾被称为是科里克欧，甚至还有红色铝罐装的可乐被命名为"香槟可乐"，源自阿根廷的卫生纸也曾叫过香槟，还有些味道刺激的香水也曾用香槟命名。香槟委员会（Civc Comité interprofessionnel des vins de Champagne）可展示他们的非凡行动力，他们在众多国家动用法律手段惩罚那些非法使用香槟品牌的企业。在1960年，只有法国、德国、荷兰、比利时、卢森堡、意大利和英国承认"香槟"产区的产权；而今天，只有俄罗斯、阿根廷和越南拒绝接受香槟的地理标示

左页图： 平和的香槟省，葡萄园、山丘、钟楼……代表着某种永恒

右上图： 瑞纳特酒窖，装瓶后的酒静静地在架子上等待转瓶

右下图： 在这铁栅门后是酩悦香槟的宝藏，这是位于埃佩尔内（Epernay）酒窖的场景

规定。但实际的难点是在美国。在这个遍布着各种行业游说者的国家，克尔贝勒（Korbel）气泡酒继续无理使用着"香槟"的称号，而它不过是款很普通的气泡葡萄酒。最后的让步是欧盟委员会和美国政府洽谈的结果：厂家在其酒瓶标签上注明"加州"两字，成为"加州香槟"。香槟委员会指定了70家律师事务所在全球范围内追查盗用"香槟"标示的各种违法行为；而在埃佩尔内的香槟委员会总部，墙上则挂着那些主要追查成果的照片。当然，对香槟品牌的盗用行为也不会因联合国教科文组织关于世界文化遗产的认证而停止，因为这一认证并不具备相应的法律效力，但那些盗用者至少会心存些忌惮吧。

防止被盗用并不是申请成为世界文化遗产的主要动机。那么"世界文化遗产"认证会带来什么呢？当然是在世界范围内对香槟产区身份的认可。这一点是不可以被忽略的。通过经验总结，那些成为世界文化遗产的地区会更受游客们的青睐，游客数量甚至会增长30%。牵扯到的问题不再是那些周末荡舟在马恩河上的游客，他们总是匆忙地游览一下兰斯市内的历史古迹，停留时间过于短促。尽管现在已有了一条有标识的香槟之路可以让更多游客在香槟村庄之间漫步，但有些香槟人对此并不满足：他们甚至开始想象些高端旅游批发商来推介几条定制型的香槟旅游线路。这些葡萄酒文化旅游产品自然是要包含上维莱尔（Hautvillers）

周边具有历史意义的丘坡、马勒依（Mareuil）的地下酒窖、圣尼凯斯（St Nicaise）山丘、香槟大道上冠冕堂皇的香槟公司总部和那些经过装饰的岩洞，然后是带着仪式感走进始建于中世纪的地下走廊……

人的价值

香槟文化，这其实是本书的核心词语。人们经常会忘记在这些知名厂家背后那些劳作的人们。香槟会给每个值得庆祝的时刻助兴，但这常常掩盖了香槟所代表的价值遗产。有多少人会关注香槟诞生地的风景及这些风景所赋予香槟的内涵？谁在谈到这些地区时会赞美酒农们的酿酒诀窍、经销商们的经营控制，还有19世纪的工业革命所带来的那些技术进步？但这些内容组成了申请联合国教科文组织认证的文件框架，这一切都建立于一块特定的葡萄园之上。而教科文组织的认证就是要描述定义在工业生产场所上所延伸出的物产和文化风景。

整个申请认证的文件都围绕着一个题目：《丘坡、香槟厂家和酒窖》。这个题目涵盖了三个最具有代表性的地理空间和生产劳动过程。首先是兰斯附近的圣尼凯斯山丘，包括那些深深的酒窖和岩洞，然后是埃佩尔内的香槟大道及那些极具展示价值的香槟总部，最后是那些历史丘坡，整个葡萄产区中最古老的部分。联合国下属的国际古迹遗址理事会（Conseil

International des Monuments et des Sites）的专业评估也是针对这三个方面的，他们的作用与法国资产委员会是对应的。

申请认证文件中包含大量的图片，很多是通过直升机在空中拍摄，或是在葡萄园中拍摄。全部文件的重量是三公斤，包括三卷文本和一张精度到厘米的地图。这张地图是非常重要的组成部分，经常会被项目申请提交方所忽略。申请文件是用法语和英语撰写的，但同时也翻译成了中文、阿拉伯文、日语、西班牙语和德语。这份包装精美的文件是否能被接纳，取决于现场专业评估和未来在教科文组织全会上所阐述的论据。法国每年可以向教科文组织提出两个申遗项目。在2014年的多哈会议上，法国提出了奥维尼（Auvergne）火山遗址和绍维（Chauvet）地下岩洞。所以香槟的申遗项目是在2015年德国波恩会议上提出的。

在此期间，皮埃尔·舍瓦尔和继承父业的儿子路易又重新找到了节日的乐趣。每年七月的第一个周末，会有两万人聚集到阿依村参加香槟开放日。这一天，游客们不仅能到葡萄酒农的酒窖里参观，而且也能打开香槟丝扣畅饮。每年这个日子都是向曾经的法国国王亨利四世致敬的机会，虽然他本人并没有来过这里，但他曾经多次说："如果我当不上法兰西国王，我就去阿依村当领主。"

如果教科文组织的专家们能看到这些该有多好！

右图：葡萄田中的普通木屋，一般是酒农们午间休息的场所或是存放农具的地方，现在有时候会把这些农舍改为供游客们居住的农舍。

品牌的历史

尼古拉斯·德·拉博迪

走进巴黎超五星级的布里斯托尔酒店，读一下酒店的酒单，就仿佛是走进了香槟的仙境。这里有阿尔弗雷德·格拉提安的天堂特酿（Alfred Gratien，cuvée Paradis），也有带着编号的4.5升大瓶（Jeroboam）装的雅克松香槟（Jacquesson），还有酒标上写着"超越年份"（Au-delà des millésimes）的特酿天然型库克香槟（la grande cuvée Brut Krug）。在这其中，我们才能明白为什么香槟的历史首先是品牌的历史。

"香槟，是口感的问题和客户群"克里斯提安·波罗·罗杰（Christian PolRoger）如是说，他是温斯顿·丘吉尔最喜欢的宝禄爵香槟的联合持有人。你会选什么口感的葡萄酒？哪一种香槟？一款极其奢华的特酿（Grande cuvée），无年份香槟（卖得最多的），白中白（纯粹的霞多丽），黑中白（纯黑皮诺），讨女士们喜欢的桃红天然型香槟，一款经过酒窖陈年存放的年份香槟（比如出色的1921年香槟）？您的选择是什么？哪款会让您愉悦，让您的感官长上飞翔的翅膀？

从价格看，香槟的售价从20欧元起到250欧元，它从18世纪诞生起就带着奢侈品的印记。三十多个品牌创立了这种葡萄酒的历史、良好的名誉和遍布全球的销售网。

源自马恩河谷，来自兰斯，来自香槟上沙龙，来自埃佩尔内，从18世纪起皇家宴席及豪门餐宴上的快乐之泉——香槟这款气泡酒通过那些带着商标的酒瓶逐步形成了自己的性格特征。瑞纳特，历史上第一支香槟酒，是由尼古拉斯·瑞纳特酿制的；兰斯人查尔斯·海德西克（Charles Heidsieck）跑遍全球去销售他

的酒，尤其使得美国市场了解了香槟；德国人G.H.玛姆（G.H.Mumm）先是将自己的酒返销到自己的祖国德国，然后又进一步扩展到全欧洲；雷米·克鲁格（Remi Krug）在意大利推出了自己的库克品牌香槟；路易·勒德雷尔（Louis Roederer）先是让俄国沙皇家族热爱香槟，继而走进俄罗斯，最终达到了每年提供30万瓶，简直可以说是推出了香槟杯的海洋；妮可尔·巴尔博-科里克欧（Nicole Barbe-

Clicquot）成功地在1870年在英国贵族中推出一款含糖量极低的天然型香槟，这款香槟随后也在美国市场上获得了成功。以上这些品牌故事都是一种传奇！

　　每一家香槟厂家都有自己独特的风格，或偏葡萄酒风格，或很女性化，或很精致……入口的香气准确（白色鲜花的香气），入口后的悠长会长时间地印在爱好者的记忆中。香槟爱好者会根据自己的不同喜好而追随不同特色的香槟厂商。

　　也正因如此，顾客才会产生对某些品牌的忠诚感。法国著名作家西默农（Simenon）如此说道："香槟就像是美食，是种记忆。"一种让您在香槟时刻更好地忘记烦恼的记忆。是的，因为这些皇家庆典酒的存在，才可以说有种特定的生活艺术。

　　"无论是什么酒瓶子，只要有迷醉"，法国作家缪塞如是说。可是，作家先生，真不

前双页图：在巴黎布里斯托尔酒店酒吧里，数量众多的香槟就好像是参加阅兵式的士兵。

左图、右上图及右下图：现在的香槟杯不再是长笛般或大开口的了，而是郁金香型的杯子。这种杯型可以更好地品鉴香槟，更能表现出香槟本身的香气。

是这样的。问题就在如何选择每瓶酒。谁会拒绝以一瓶唐·培里侬桃红香槟作序的美妙宴席呢？或者是拒绝凯歌酒庄（Veuve Clicquot）的大家闺秀特酿（La Grande Dame）？

"谁想喝到好酒，就只能谈品牌了"，这是位法兰西学院院士所以说的。《五种含义》（Les Cinq Sens）这部书的作者、哲学家米歇尔·塞尔（Michel Serre）宣称，自己是著名的波尔多苏岱甜酒——伊甘（又译为滴金）酒的忠实追随者。而作家弗里德里克·达尔（Frédéric Dard）在向朋友们吹嘘伊甘白酒时，总是将这款酒年轻时候的金黄比喻为"喝掉的光芒"。所有葡萄酒爱好者都对香槟酒有种独特的温情。

香槟酒有哪些品牌呢？它们之间的差异是什么？我们一起盘点一下那些曾为香槟省产区（33 000千公顷，年产约3.2亿瓶酒）做出贡献的品牌，也记录下那些香槟爱好者所偏爱的香槟厂家。

瑞纳特（Ruinart）

历史最为悠久的品牌，诞生于1729年。该品牌的建立还是来自于一位服装店老板，他突然对香槟坡的一种酒有了兴趣。这家兰斯香槟

酒庄酿造的酒的特点是都存放于高卢罗马时期的酒窖中，而这些以白垩岩为主体的酒窖也被法国政府列为历史文化遗产，可以被认为是香槟酒最为理想的储存环境。瑞纳特也是在所有的香槟品牌中最早种植霞多丽并以其酿酒的酒庄。霞多丽是酿造白中白香槟的唯一选择，带有明显的清爽感、质感和深度。1970年，瑞纳特酒庄被LVMH集团收购，尽管如此，这个品牌的香槟仍是伦敦买家或众多俱乐部最为重视的香槟。"香槟，就是相互区分的文化"，这是这个品牌的前任董事长兼总经理罗兰·卡龙

右图： 凯歌香槟在兰斯的酒窖内

（Roland Callone）曾经说过的话。在这个酒庄里，要特别留意它们的唐·瑞纳特款香槟，无论是白香槟还是桃红香槟。

高塞（Gosset）

这家酒庄位于香槟的"摇篮"——阿依村。查理五世和亨利四世曾经在村里用自己的榨汁机来酿制自己的酒。一直到1994年酒庄被马克斯·君度（Max Cointreau，君度橙酒）家族收购之前，高塞家族已经经营了十四代之久。马克斯的女儿，贝亚特里斯（Beatrice），这位从小在干邑白兰地酒窖里长大的漂亮的黑发女子将高塞酒庄的天然型香槟销售提升到了一个新的高度。特别是高塞名人特酿（Gosset Celebris），风格近似唐·培里侬，受到了众多餐厅的欢迎。比如著名的银塔餐厅（La Tour d'Argent），当时，这家餐厅还是由现已去世的克劳德·特莱侬（Claude Terrail）经营，他们的香槟也用在西班牙厨艺大师费朗·亚德里阿（Ferran Adria）掌厨的分子美食餐厅艾尔-布利（El-Bulli）里。高塞的年份香槟及桃红香槟，因其偏葡萄酒口感的传统风格而受到香槟爱好者的踊跃追随。

右下图: 高塞香槟酒标，用生铁打造，悬挂在阿依村里。

酩悦香槟（Moet & Chandon）

酩悦香槟的历史与法兰西帝国皇帝拿破仑是分不开的，它见证了皇帝与让–雷米莫艾特（Jean-Remy Moet）之间的友谊。而让–雷米则是品牌香槟创始人克劳德·莫艾特的孙子，而克劳德·莫艾特当时还是荷兰人。要知道的是，当年拿破仑大军的酒类供给是在马恩河河谷地区，这个地方历来是法国人抵抗入侵的必争之地。曾经在马恩河对岸的与拿破仑大军对峙的德国军人也因为这块土地而喜欢上了马恩河谷产的葡萄酒。众多日耳曼后裔也逐步加入了香槟酒的诞生或发扬光大的行动中，比如德茨酒庄的两位创始人（威廉姆·德茨和皮埃尔·戈尔德曼）或是玛姆香槟的创始人（G.H.

Mumm）等。

酩悦香槟19世纪末与尚桐（Chandon）家族联合，这个源自埃佩尔内的品牌将自己的香槟推向全球。2014年，酩悦香槟在全球120个国家和地区销售，地球上每一分钟就有一瓶酩悦香槟被开启。而最为神奇的是，尽管年产3000万瓶香槟，但数量从不是品质提升的阻碍。无论是在非洲大陆深处还是澳大利亚的海岸边，开启一瓶冰爽的酩悦香槟，跳动的气泡总是会给宾客们带来愉悦！简直可以说，每一瓶香槟都带着一点点法式生活。

1.5升大瓶装的酩悦年份香槟是酒庄复古款式的代表。作为LVMH集团最有号召力的品牌之一，酩悦香槟是两位最有才华的酿酒师的劳作成果：本努瓦·古埃（Benoit Gouez）和理查德·齐奥弗瓦（Richard Geoffroy），他们分别负责酿酒和挑选葡萄颗粒、风土，以及最后的瓶中混酿。酩悦香槟从未有过如此高的品质。香槟源自葡萄（每瓶香槟需要1.2公斤的葡萄），酿制于酒窖中，在酒窖里开始启泡和陈年。即便是一瓶无年份香槟，也至少要在酒窖里存放18个月。

酩悦酒庄在技术应用、对于风土的认知（共18种高端香槟）、酿酒师的经验和技巧等

方面都是无可比拟的，其经济效应也是如此。毫无疑问地说，这个全球知名品牌是整个产区的骄傲。

唐·培里侬（Dom Pérignon）

经过理查德·齐奥弗瓦（Richard Geoffroy）的精心劳作，唐·培里侬这个高端豪华品牌得以复活。理查德·齐奥弗瓦出生于威尔图斯（Vertus），他原本是位医生。这位神奇的酿酒师经过30年的努力，酿制出了卓越超群的年份香槟（1996，2003）。隶属于酩悦香槟集团的唐·培里侬香槟集香槟艺术之大成，这些带有古老标识的香槟酒击败了几乎所有豪华品牌，唯一的对手就是专门为沙皇

右下图及右页图：瓶口锡纸上带着皇冠标示，酩悦香槟展示其渊源：源自皇家…遍及欧洲皇室。

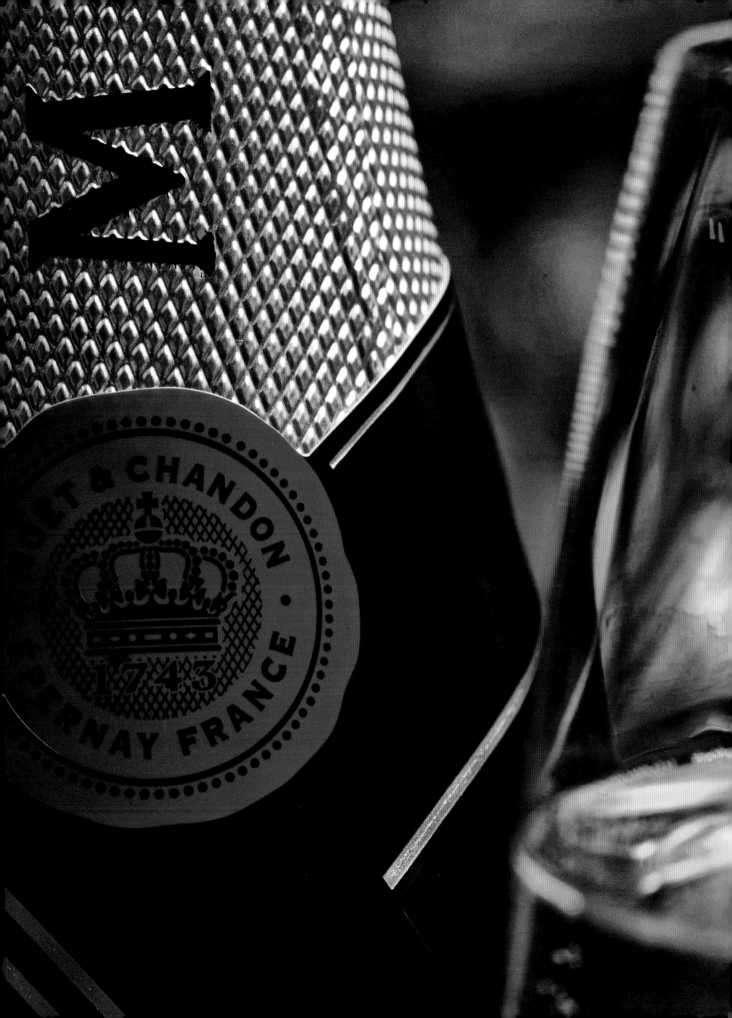

们推出的路易王妃水晶香槟（Cristal de Louis Roederer）。

唐·培里侬香槟的特点在于三种当地葡萄品种经过混酿后所产生的和谐。整个香槟省三个产地的最好成果都在于此。香槟因其优雅、清爽和入口后的饱满而让爱好者们感到震撼，只想喝完一杯后再来一杯。知名的唐·培里侬特酿（Dom Pérignon Oenothèque）经过在酩悦酒窖的陈年后，便在巅峰状态时投放到了市场上。

路易王妃香槟（Louis Roederer）

与酩悦香槟诞生于同时代，这家位于兰斯的香槟酒庄逐步建立起了优质和稳定的品牌形象，这一点也在《法国葡萄酒评论》（Revue de vin de France）2013年最后一期中得到了称赞：路易王妃香槟被列为是经销商香槟品牌的第一位，排在波罗·罗杰（Pol Roger）之前。这家由弗里德里克·汝佐（Frédéric Rauzaud，家族财产近7亿欧元）掌管的酒庄是最后几家百分之百独立的酒庄

之一。这个酒庄自己掌握着香槟的整个生产过程，从200公顷的葡萄园种植（98%是高质量葡萄园）一直到葡萄压榨和装瓶，一级干酒窖型香槟要在酒窖里熟化三年，而知名的水晶香槟则需要加倍多的时间。

路易王妃香槟的特点是口感强劲、葡萄酒感强、厚重，必须要经过时间的洗礼之后才会表现出其细腻和贵族化的差异。在美食香槟中，最具代表性的就是水晶香槟——价格昂贵的高端年份香槟，它是唐·培里侬香槟的竞争对手，产量有限。透明的玻璃瓶中装着这么优质的香槟，足以彰显其贵族品质。

沙龙帝皇香槟（Billecart–Salomon）

这个成立于1818年的历史悠久的品牌始

左页图：请注意，这款唐·培里侬2002年的桃红香槟酒标上的Vintage，这是对"原汁原味"的保证。

右下图：传奇的路易王妃水晶香槟，酒体色泽呈淡金色，十分通透。

终属于碧叶卡—沙龙（Billecart-Salomon）家族，而且也是由家族运营。这个品牌成功进入了美国、俄罗斯及英国市场，并服务于英国女皇伊丽莎白二世的宫殿中，这无疑是其优秀品质的表现。在马勒侬（Mareuil），沙龙帝皇香槟从20世纪七八十年代开始逐步形成了自己的现代风格，桃红天然型香槟则是这一品牌的旗舰产品，因其果香、优雅和魅力十足而被香槟行家们追捧。这款桃红香槟带有低调的红色果实香气，并因此进入了法国和英国那些最为豪华的场所。厂家年产量的三分之一均是这款桃红天然型香槟。那些米其林星级最多的美食餐厅，比如阿兰·帕萨（Alain Passard）的L'Arpège餐厅，都为这只独一无二的美食香槟的成功推广做出了贡献。

库克香槟（Krug）

香槟爱好者中有库克分子，还有其他人。对于很多香槟爱好者来讲，库克是香槟最高水准的代表，也是无可争议的第一。雷米·库克（Rémi Krug），前总经理及家族持有人之一（该品牌现为LVMH集团拥有）曾说，这个品牌的香槟是香槟中的罗曼尼康帝。

右页图： 库克香槟特酿，超越年份香槟的天然型香槟。它是由十个不同年份的酒混酿而成的。

从声誉上来讲，库克的竞争对手不多：唐·培里侬，路易王妃水晶香槟、宝禄爵的丘吉尔爵士特酿……库克香槟的年产量并不是很高，在20世纪80年代仅年产600万瓶而已。所有的品牌制造秘密都隐藏在厂家的50~80款不同基酒的搭配上。在此基础上还有几款珍藏级年份酒，所有的这些酒都保存在小号的橡木桶里，陈年期大概是7~10年，这使库克香槟的口感偏葡萄酒感，有厚度，有融化感，很讨那些火热的香槟爱好者的喜欢。

库克香槟必须是在餐桌上享用，特酿款曾经是出现在拥有拉菲城堡葡萄酒的罗斯柴尔德家族的餐桌上及世界上最出名的餐厅里，而且它肯定是最为昂贵的香槟。饮用库克香槟是种荣耀。

BY APPOINTMENT
QUEEN ELIZABETH II
...ORS OF CHAMPAGNE
...AGNE BOLLINGER S.A.

R.D. 1999
CHAMPAGNE
BOLLINGER

EXTRA BRUT

堡林爵香槟（Bollinger）

约瑟夫·堡林爵（Joseph Bollinger），原本是德国符腾堡人，在1829年与威尔蒙特伯爵（Comte de Villermont）的女儿结婚，伯爵家在著名的白丘（Cote des Blancs）屈伊村（Cuis）拥有一块11公顷的葡萄园，品牌传奇就是从这里开始的。这是块以出产黑皮诺而闻名的风土产区，而酒庄的明星产品也是以黑品诺为主。因为莉莉·堡林爵（Lily Bollinger）的努力，家族的葡萄园逐步发展成为一些高品质名庄，所以到第二次世界大战结束的时候，其品牌销量已经超过了百万瓶。尤其是在英国受到了特别的欢迎，因为这个品牌的香槟酒经过一个很长的陈年期后的风格符合英国人的口感——葡萄酒感强劲、有力度、悠长。独立、活跃又是家族型酒庄的堡林爵为搭配美食酿制出了多种香槟酒，甚至包括专门搭配野禽类的。较长的熟成期更加强了堡林爵香槟细腻、雅致的特点：堡林爵稀有年份特酿

左页：经伊丽莎白二世女皇殿下许可《By appointment to H. M. Queen Elizabeth II》伯明翰功的印记是堡林爵R.D年份特酿的荣耀，这也更让人想起被称为莉莉的伊丽莎白·堡林爵－劳·德·洛里斯顿（Elizabeth Bollinger– Law de Lauriston）。

（L'Année Rare millésiméé）和堡林爵R.D年份特酿（La Cuvée RD millésimée）都是给香槟产区带来荣耀的产品。

G.H.玛姆香槟（G.H.Mumm）

这家原本是德裔的兰斯酒庄在第一次世界大战后曾被一些法国人所有，其中包括雷内·拉鲁（René Lalou）与玛吉奥·斯诺其（Marzio Snozzi）。他们使得酒庄所拥有的220公顷葡萄园重新焕发出光彩。这是一份无法估价的资源，尤其是还有克拉芒（Cramant）这地块。正是在克拉芒地块种植的葡萄造就了玛姆香槟品牌的旗舰产品之一——克拉芒香槟。而另一个世人周知的就是玛姆红带香槟（Cordon Rouge），它直接缔造了玛姆香槟的国际知名度。在美国葡萄酒销售公司Seagram的帮助下，玛姆香槟与埃佩尔内的巴黎之花（Perrier-Jouet）香槟一同进入了美洲大陆。正因如此，玛姆香槟才获得了世界范围的知名度，年销量达到800万瓶，这可不是一个寻常的销售量。在众多发达国家，玛姆香槟都找到了自己的拥趸者，其特点是清爽、饱满，讨人喜欢。玛姆香槟R Lalou特酿和克拉芒玛姆香槟同属厂家的高端产品，主要是针对米其林星级的美食餐厅，比如巴黎的Lasserre餐厅。玛姆香槟是让人感到惬意的香槟。

巴黎之花（Perrier-Jouet）

毫无例外，巴黎之花的品牌历史是从个婚礼开始的。皮埃尔·佩里耶（Pierre Perrier）与阿黛尔·茹艾（Adele Jouet）于19世纪初结婚，品牌也因此而诞生，而最初的香槟则是在英国上市。维多利亚女王、巴黎著名女艺人萨拉·贝尔纳（Sarah Berhardt）都是这个品牌的知名爱好者。在酒庄拥有的108公顷的葡萄园里，霞多丽占多数，同时搭配等量的黑皮诺葡萄，这也符合酒庄所追寻的酒体平衡的理念。在20世纪初，美好时代特酿（Cuvée Belle Epoque）可以说是品牌的钻石级产品，装饰着银莲花的酒瓶是由知名玻璃艺术家埃米尔·嘉勒（Emile Gallé）设计的。在20世纪六七十年代的美国，这一被称为是"鲜花香槟"葡萄酒在纽约和洛杉矶的餐厅中成为时尚。而皮埃尔·艾尔内斯特（Pierre Ernst）则在埃佩尔内修建了被命名为"美好时代"的酒店来接待世界各地的宾客。毫无疑问，巴黎之花是一个世界级的品牌，其香槟既优雅又活跃，特别是特酿天然型香槟（Grand Brut），既带着鲜花香气又很细致。而美好时代香槟的年份款更是节日宴席上的豪华香槟。

罗兰百悦香槟（Laurent-Perrier）

这家位于马恩图尔（Tours-sur-Marne）的知名酒庄是一位极具才华的香槟省人——贝尔纳·德·侬南库尔（Bernard de Nonancourt）的成果。他用了半个世纪的时间，将酒庄的产量和销售从8万瓶提升到800万瓶，很少有品牌能做到类似的跨越。这一全球性的成功是与这位品牌创始人兼总裁所付出的努力，以及对潮流风尚的判断和他的创造力是分不开的。罗兰百悦天然型香槟是款现代风格的香槟，有人评价说它有点儿女性特点，也就是很轻盈而又不是很女性化。罗兰百悦天然型香槟可以作为开胃酒饮用，也可以在一天中，无论白天夜晚都尽情享用。这种香槟的口感不太复杂，也不偏葡萄酒感，它们很柔顺，解渴的同时也会带来活跃的乐趣，其实非常有香槟省的特点。这个品牌的香槟出口到全球，包括非洲，也包括比利时王室，或者英国查尔斯王子的家中。贝尔纳这个具有无限人格魅力的巨人，曾经与皮埃尔神父一起参加抵抗运动，不断开发出很特别的香槟，比如伟大世纪年份特酿（Cuvée Le Grand Siècle Millésimée），还有充满了节日感和魅力的水晶香槟（Cristal）。而以其大女儿的名字命名的雅莉桑德拉桃红特酿（Cuvée Alexandra Rosé）可以说是款极其平衡的杰作，在桃红香槟领域没有任何竞争对手。2000年年初，罗兰百悦香槟的创始人及总裁不幸去世，他的两个女儿，雅莉桑德拉和斯特凡妮以及她们来自岚颂家族的母亲齐心合力地将该品牌香槟的品质一直维持在出色的水准上。

宝禄爵香槟（Pol Roger）

宝禄爵（Pol Roger）家族一直在主持这个位于埃佩尔内酒庄的一切，而这个家族在香槟省的渊源要追溯到19世纪中叶。在法国葡萄酒评论杂志看来，宝禄爵香槟从品质上来讲是整个香槟省排行第二的产品。该家族拥有很重要的葡萄园，宝禄爵香槟将霞多丽作为其天然型香槟的主体，带来了清爽、活跃的口感和愉悦的葡萄酒感。宝禄爵香槟获得了英国客户的喜爱，特别是那些拥有优质藏品酒窖的英国贵族们，他们对这款金黄色的、带着细腻气泡的葡萄酒非常着迷。有修养的英国人都喜欢宝禄爵香槟，温斯顿·丘吉尔就是其中一位，他简直对宝禄爵香槟有瘾症，历史照片显示，甚至在第二次世界大战的作战现场，他也要饮用宝禄爵香槟。为了感谢丘吉尔爵士的认同，宝禄爵香槟特意制作了温斯顿·丘吉尔爵士年份特酿（Cuvée Sir Winston Churchill Millésimée），这是款通透且有深度的香槟，特别适合盛典的晚宴饮用。

泰亭哲（Taittinger）

这家来自兰斯的酒庄依然是由家族后代来管理。皮埃尔–埃曼努埃尔·泰亭哲（Pierre-Emmanuel Taittinger），董事长兼总经理，夹在一群股东及法国农业信贷中间，他的位置使得这个品牌还能继续带着一些家族品牌的烙印。所有香槟人都会向这位50多岁充满激情男人的承诺和决心表示敬意，因为他加大了对发达国家的天然型香槟出口（500万瓶）。以来自白丘的霞多丽为基础的香槟伯爵（Cuvée Comtes de Champagne）是款高贵的特酿，充分展示了泰亭哲家族对品质的追求；而这点也在普通的非年份天然型香槟上能够得到体现，成为品牌的经典。泰亭哲家族继续赞助泰坦亭厨艺大奖，这个奖项每年奖励由餐饮

右下图： 巴黎之花的沉重大门，而门上的刻字则是酒庄成立的年份：1811年于埃佩尔内。

同行选出的一位年度最佳厨师。而被伊恩弗莱明在007系列电影《皇家赌场》中提到的1943年白中白和1945年泰亭哲香槟在所有的发达国家里依然可以买到，尤其是在纽约和巴黎。

大家都喝什么？

每人都有自己的香槟！欧内斯特·海明威，1954年诺贝尔奖获得者，是当代作家中第一位谈到香槟品牌的人。他是通过霸占巴黎利兹酒店吧台，与众多酒保和侍酒师们交流而学习到的香槟的语言、品质和香味。他直到1945年才离开酒店吧台。他在书中提到了玛姆红带香槟、凯歌香槟，特别是他在旺道姆广场上向一位爱恋的公主所奉献的1915年的巴黎之花香槟。（《岛在湾流中》，1970年）。

戴高乐将军在他退隐科龙贝双教堂村（Colombey-les-Deux-Eglises）附近时，则是定期饮用达皮埃（Drappier）香槟，这是一家坐落于于尔维尔（Urville）村的小酒庄，距

左页图：巴黎布里斯托尔酒店的皮面烫金酒单。在其中香槟酒占了20多页，涉及所有最好的香槟，包括1.5升大瓶装的，当然也是价格最昂贵的。

右上图：泰亭哲香槟伯爵特酿，通过这款香槟，泰亭哲复活了兰斯市高贵的传统。

离戴高乐将军退隐之所仅仅8公里，而将军喝香槟的事情可以用当年的购买发票来印证。在爱丽舍宫任职期间，戴高乐将军从未要求过总统府后勤人员去采购达皮埃香槟，或强行要求在宴席上饮用，因为客人优先。作家保罗·莫朗（Paul Morand）喝库克香槟，弗朗索瓦·莫里雅克喜欢岚颂（Lanson）香槟，著名演员皮埃尔·布拉瑟（Pierre Brasseur）临终前还喝了口香槟，历史学家作家让-弗朗索瓦·拉威尔（Jean-François Revel）偏爱库克香槟，著名歌手皮埃尔·佩雷（Pierre Perret）要喝唐·培里侬，阿尔弗莱德·希区柯克喝布瓦泽尔（Boizel）香槟，电影明星碧姬·芭铎（Brigitte Bardot）愿意喝酩悦香槟，而玛丽莲·梦露则喜欢白雪香槟（Piper-Heidsieck）。

那英国女王呢？每年香槟省出口约3 000万瓶香槟到英国，所以英国是非法国本土外世界第一香槟消费市场。作为原产地的法国，每年消费的香槟数量为1.6亿支。在女皇举办的接待宴会上，香槟总是第一款开胃酒。总共八个品牌的香槟拥有"皇家认证"（Royal Warrant），只有通过认证，英国皇室酒窖长（Master cellar）才能统计库存的香槟数量以便在宫中饮用。这八个品牌是：酩悦及

唐·培里侬香槟、玛姆香槟、凯歌香槟、岚颂香槟、伯瑞香槟（Champagne Pommery）、库克香槟，宝禄爵香槟和路易王妃。酒窖长的工作就是将达到巅峰状态的香槟推荐给厨师长，再根据王室不同来宾的级别和用餐标准进行搭配推荐，比如唐·培里侬或水晶香槟往往是在国宴上饮用。

风土与香槟优质产区

酿造香槟酒的葡萄来自法国北部地区的由三个主要区域组成的风土地带：靠近埃佩尔内的白丘（Cote des Blancs）、马恩河谷以及兰斯山区。占地33 000公顷的葡萄园全部是在这三个区域内，但产出的葡萄，无论是黑葡萄还是白葡萄，品质还是不尽相同的。生产厂家和酒农们在采收期不断地寻找最佳中的最佳，

右下图： *在 1929 年份天然型香槟的标识下，这是一箱箱 1.5 升名贵装凯歌香槟，供应给摩纳哥王室。*

因为葡萄越是细腻、果香好且强劲，就越有可能酿出优质的香槟。原材料是葡萄酒的基石，而点石成金也是要有金子的。在埃佩尔内附近山丘上的上维莱尔（Hautvillers）教堂，唐·培里侬神父（1639年—1715年）是教堂的酒窖主管，职责是调配神父们的酒，然后卖到周边地区以补充生计。这位据说失去了视力的神父每年夏天都能收到很多筐周边信徒们送来的葡萄——作为实物来充抵捐赠的现金。挑选最好的葡萄的工作是由唐·培里侬神父来完成，他会先把这些葡萄放到凉爽的地下室，然后根据自己的口感一一品鉴、分类。唐·培里侬神父的口感非常出色，当时上维莱尔（Hautvillers）教堂酿制的酒受到整个地区领主们的喜爱。

唐·培里侬并没有发明香槟气泡酒，当年在英国，因玻璃瓶子的发明而已经开始有起泡酒了，但是他将香槟工艺流程系统化了，就是香槟酒的架构。香槟酒就是在最好的丘坡种植葡萄中优选最好的颗粒进行发酵后获得的琼浆。

在20世纪初，香槟省人还是按照酒的地理产区来划分不同的质量，比如兰斯山区就有九个名庄区：昂博奈（Ambonnay）、博蒙（Beaumont-sur-Vesle）、布资（Bouzy）、卢瓦（Louvois）、迈里香槟（Mailly-Champagne）、普依西欧（Puisieulx）、西列里（Sillery）、维泽奈（Verzenay）和维资（Verzy，仅限黑葡萄品种）；在马恩河谷，有两个名庄产区：阿依（Ay）和马恩图尔（仅限黑葡萄品种）；在白丘，六个优质产区：阿维资（Avize）、舒依（Chouilly）、克拉芒（Cramant）、欧哲乐梅尼（Le-Mesnil-surOger）、欧哲（Oger）和瓦理（Oiry）。以上这些都是精华产区，所有著名品牌都试图从这些产区收购优质葡萄，价格至少是每公斤6欧元。

在这些香槟贵族产区的基础上，还要算上那些一级园，大概是40多个。整个香槟地区的风土概况就是如此了，几十年来都不曾有过变化。而在地下，石灰岩构成了这里土壤结构的主要元素。

需要说明的是，那些在兰斯、阿依、埃佩尔奈、沙龙等地的葡萄园基本不会出现更换所有者的情况，每年顶多会有一两次产权交易，但经常是全年都没有交易。香槟是个具有生命力的宝藏，葡萄园和酒庄都是作为遗产一代代地传递下来，种植葡萄者与土地所有者之间的联姻很常见：是否共同拥有葡萄园会直接影响

到市长面前的婚礼。

在20世纪六七十年代，种植葡萄的农民们（大概是15 000人）开始自己酿制香槟、注册自己的商标，而不是将自己的葡萄卖给知名品牌或者香槟合作社。对于那些位于香槟名区的地块来讲，这种角色上的转换是成功的，不仅仅会有将这些地块上出色的霞多丽、黑皮诺和莫尼耶皮诺装瓶成酒所带来的自豪感，而且从经济角度来讲也是有很大收益的。在白丘或阿依——这些香槟历史摇篮产区，有些葡萄园主的香槟从品质上完全可以媲美那些享誉盛名的知名品牌香槟，当然，从产量上是比不过的。

这是新一类香槟葡萄酒酿造者，他们见证了这种金黄气泡酒的发展，而香槟毫无疑问地是喜庆的日子里的最佳饮料，代表着爱情，也代表着法国文化。

左页图：从 1780 年第一箱通过船只发货给俄罗斯沙皇的香槟开始，凯歌夫人香槟就有了自己的标识——海矛。

右上图：在欧哲乐·梅尼村的梅尼封闭葡萄园（Clos Mesnil），围墙上写着"1698 年，加斯巴尔·雅宁（Gaspard Jannin）种下了这里的葡萄"，葡萄园由库克香槟继承并继续发扬光大。

后双页图：草帽、花园椅、接待宾客的餐饮，当罗兰百悦的优雅生活艺术与野餐相遇。

金三角

兰斯、埃佩尔内、阿依——三个关键的城市，分别代表着充满气泡的地下石灰隧道（酒窖）、历史名城（帝王加冕之城）、显示财富的外部迹象（香槟之家），是他们给予了香槟地区"金三角"的称号。在埃佩尔内，仅香槟大街两侧那些装饰优雅的建筑就足以承担起这一盛名。

1891年9月19日，夏日逐渐褪去，葡萄的采收季该开始了，一辆简单又不平凡的马车在埃佩尔内地下的石灰隧道内慢慢行走。花白络腮胡子，平滑的面孔中间还有排自豪的小胡子，这是共和国总统萨迪·卡诺（Sadi Carnot）。他坐在这辆马车上，听着马蹄落在玛喜儿香槟（Mercier）酒窖隧道石灰岩的路面上。玛喜儿香槟地下酒窖的长度有18公里，这座地下宫殿的修建始于普鲁士法国之战后的1870年，由品牌的创始人欧仁梅尔希（Eugène Mercier）主持。1 000万瓶香槟在这个地下宫殿里存放，在隧道内的电灯光线下闪闪发光，好像是士兵们列队迎接总统检阅。

香槟大街原名叫商业街，从头到尾走在这好像是舞台布景的大街上，就能了解这座城市的核心区域，了解活跃四射的气泡给这个城市所带来的一切：酒窖、酒庄、库房、压榨机、经销商、私人酒店……这些建筑也为这座城市带来了繁荣与富有的感觉。当然，在市内也有一座城堡，北京城堡（Château de Pékin），这是欧仁梅尔希的荣耀。城堡临街的塔楼被常青藤覆盖，其实没什么可说的，可能就是种模糊的封建时代印象，而这种模糊的印象又被红白色的砖墙所延续和欺骗。布兰奇（Blanche），欧仁梅尔希的女儿曾经在这里居住。在这里，她经常在草坪花园上举办些招待会来接待嘉宾。站在草坪花园中可以看到马恩河和兰斯山丘的全景。在乘坐马车进入酒窖隧道之前，总统先生想必是手里拿着香槟杯，在草坪花园上眺望

远处绿色的地平线，享受这风景吧。

谈到梅尔希先生，除了作为玛喜儿香槟品牌的缔造者，他还是市场推广方面的先锋人物，也最早明白广告的作用。在法国总统参观玛喜儿酒庄前两年，就是在1889年举办的巴黎世博会上，他展出了一个容量超过20万瓶香槟的大橡木桶，这一下子引起了轰动。当时为了从香槟省将这个超大号橡木桶运送到展会，梅尔希调用了至少24头牛和12匹马！萨迪·卡诺总统没机会去1900年的世博会参观由欧内斯特·卡拉斯（Ernest Kalas）设计的香槟宫，在这次世博会期间，香槟宫接待了300万游客。而两届世博会之间，萨迪·卡诺总统平息了布朗哲将军（Boulangiste）的德法间谍案对法兰西第三共和国存亡的危害，也抵制了巴拿马运河的贿赂丑闻，这则贿赂丑闻使得成千上万的小储户们血本无归。总统本人则被一位意大利

左页图：萨迪·卡诺总统于1891年抵达埃佩尔内，参观玛喜儿香槟的北京城堡

右上图：1889年，玛喜儿香槟在世博会上展示了这个容量超过20万瓶香槟的大橡木桶，引起轰动。

右下图：酩悦香槟在埃佩尔内的迷宫般的隧道酒窖总共有28公里长。

无政府主义者用匕首刺杀身亡。

回到萨迪·卡诺总统对玛喜儿香槟的访问上，在玛喜儿石灰岩隧道酒窖里还有一幅浮雕记载着他乘坐马车参观酒窖。在香槟省沙龙市，也有座雕塑纪念这次访问，毕竟这是第一次总统级的正式访问，也是一次对香槟的官方认可。这次总统访问所带来的影响也是那些香槟酒商们构建香槟大街的起点。

在那些铸铁门后面

从18世纪开始，铸铁大门就是厂房门脸的一个组成部分，设计风格很工业化。但在随后的19世纪，特别是酩悦香槟或巴黎之花香槟开始带头后，掩藏在这些大铁门之后的就是那些设计风格很严肃、装饰很简单的民用府邸。在这里，沉重的铸铁门后的建筑没有那些浮华、财大气粗的风格。繁荣亨通并不需要张扬，一旦推开铸铁门，进入这些建筑，看到那些在主客厅内或是巨大的走廊楼梯间布置悬挂的艺术

品、古董家具、真丝挂毯、壁画、油画以及灯具时，访客们总是会不由自主地发出惊叹。在这条美得如同经过绳子测量过的大街下方，有座著名的仿意大利风格的小钟楼，带着卡斯特兰（Castellane）的印记，俯瞰着马恩河和经过的铁轨，象征着众多香槟品牌的国际化进程。大街的单数号边都隐藏着私人花园，不会被人看到，但一直从建筑边延伸到靠近河边的铁轨附近。

从这条的大街一端，即阿尔邦·莫埃特（Alban Moet）府邸起，到另外一头的北京城堡，中间还有那座像是个珠宝盒的、面北的加里斯府邸（Hotel Gallice），逐一数来的地标性府邸有：弗兰肯（Maison Vranken）、贝斯拉特·

右下图：巴黎之花府邸前的大门，位于埃佩尔内

右页图：如在 1900 年世博会期间修建了一座路易十六式的宫殿一样，酩悦香槟打开了修建优雅香槟大街的序幕。

德·贝尔丰（Besserat de Bellefon）、艾斯特林（Esterlin）、德卡斯特兰（De Castellane）、马爹利（Martel）、梅尔希、波尔罗杰、酩悦……我们可以想象当年的萨迪·卡诺，然后是卡西米尔·佩里耶（Casimir Perier，前法兰西银行主席，政治家）或是英国皇室成员，比如维多利亚女王，一一从这些府邸前走过，好像是国庆日香榭丽舍大街游行或者是白金汉宫前的阅兵式一样。

从疯狂郊外到香槟大街

沿着大街往上走，左手边的就是酩悦府邸。府邸内接待礼宾的院内有一座兰斯艺术家

前左页图：阿依，德兹府邸的客厅记载着五代人的经历。法布里斯·罗赛（Fabric Rosset），从1996年起出任德兹香槟主席，同时还是香槟丘骑士会的指挥官。

前右页图：人称这个地方万花筒。在兰斯凯歌香槟府邸的马克楼楼梯间，嘉宾访客们会经过一座用很薄的镜片组成的屏风。

右页图：埃佩尔内市，座落在香槟大街上，带着超越时空的优雅的酩悦府邸。

沙瓦约德（Chavailliaud）创作的唐·培里侬神父的雕像，这座雕像毫无疑问地将香槟葡萄园与上帝的祝福和谐地连接在了一起。1717年，克劳德·莫埃特（Claude Moet）建立了莫埃特王朝，百年之后的让-雷米·莫埃特（Jean-Remy Moet）在还是城外荒郊的某一个地方埋下了自己府邸的第一块基石，这地方当年还不叫商业街，更不是未来的香槟大街，而仅仅是叫"疯狂郊外"（Faubourg de la Folie）。在当时，他是这个地方唯一的住户。正因为这个，其他的香槟酒庄主纷纷仿效，开始按照自己的品牌特点，建设自己的"小疯狂"（folie，在法语里即是疯狂，也是特指19世纪初达官贵人们相互攀比而快速修建的府邸）。

那时已经是法兰西第一帝国的末期，莫埃特家族已富有到其财富要通过金法郎计算。他允许他的大女儿阿德莱德嫁给皮埃尔-加布里埃尔·尚桐（Pierre-Gabriel Chandon）为妻。而尚桐来自马贡地区的一个殷实家族。当时，阿德莱德21岁，而尚桐38岁。他们后来育有三个儿子，其中保罗·尚桐在1919年策划了莫埃特与尚桐商标上的联姻，目的是进入全球市场，于是酩悦香槟诞生了。回顾一下，这个酒庄几乎每百年就会出现一次重大变化。1717年，克劳德·莫埃特创建了这家酒庄，当时的法国国王路易十五还很年轻；1816年，阿德莱德与皮埃尔-加布里埃尔举行婚礼；1919年，为了在国际市场上高高扬起自己酒庄的旗帜，

保罗·尚桐策划商标联姻，创立酩悦香槟。

经历过各种游行的大街

当年，如果这条未来的香槟大街上的第一座府邸是莫埃特的，那么在这条大街的单数边几乎就将全是酩悦品牌的各种建筑，宣扬着品牌的威望。而大街对面的双数边则是LVMH集团的府邸。在优雅生活领域"最高裁判"贝尔纳·阿诺（Bernard Arnault）指挥下，成立于1765年的轩尼诗干邑白兰地酒（Hennessy）与豪华知名品牌路易威登（Louis Vuitton）在1984年合并，开始包揽皮具或香水出色的豪华品牌，比如迪奥（Christian Dior）、Chistian Lacroix 或 纪梵希（Givenchy）。

在埃佩尔内，香槟大街6号用各种欧洲皇家标识来迎接访客，集团中堪比珠宝的各个香槟品牌也进行了集中展示：酩悦香槟、汉诺香槟

（Henriot）、瑞纳特香槟（Ruinart）、唐·诺里依……从克劳德·莫埃特300年前开始的香槟之路展示在访客们眼前，得到了访客们的赞誉。仔细的游客们会发现，香槟大街的起点是莫埃特府邸，而大街尽头是已被LVMH收购的梅尔希府邸。每年冬季转折点，即1月22日，纪念葡萄酒业的保护者圣文森特的游行会在这条大街上举行仪式，以感谢神灵保护。届时，香槟丘骑士会的骑士们会穿上隆重的白色披肩从大街上列队走过。当然，在短笛和号角伴奏中，游行队伍会先靠近右边经过马多利、卡斯

右下图：从1930年成立开始，兄弟会总共聚集了来自香槟地区的320名酒农兄弟会成员，他们每年都在1月22日前后组织纪念葡萄园保护者圣文森特节的活动。

特兰、贝斯拉特德·贝尔丰、艾斯特林、弗兰肯等府邸，然后再向对面的布瓦泽尔［特别受奥斯曼帝国阿迦汗（Aga Khan）的青睐］、大家闺秀（Demoiselle，属弗兰肯家）、宝禄爵（英国皇室和自从温斯顿·丘吉尔后英国总理府之选）、德韦诺日（De Venoge）、巴黎之花，还有永远的酩悦。

　　当日纪念庆典活动的其余内容是在埃佩尔内的圣母教堂内举行，由酒农兄弟会组织的祷告，诺亚方舟的玻璃窗画给教堂带来光明……

右侧两图：举着横幅和木刻雕像，兄弟会在香槟大街上游行，一直走到圣母教堂。在那里，橡木桶工们组成的合唱团会颂唱祈祷。

位于马恩河上的灯塔

　　卡斯特兰钟楼是一座塔高66米、共有237级台阶，其风格可以媲美意大利中世纪钟楼的建筑，它像座灯塔般矗立在埃佩尔内，俯视着巴黎—斯特拉斯堡线铁轨和马恩河。它位于香槟大街下方的凡尔登大街上，继续维持着源自外省领主留下的贵族传统。

　　1895年，弗洛朗德·卡斯特兰子爵在埃佩尔内注册了他自己的品牌。他注册了香槟省皇家军团的色彩，特别是带着红色圣安德雷十字的旗帜。这个旗帜曾经飘扬在很多香槟酒标上，特别是在"美好时代"（1870年普法战争后到第一次世界大战前）。

　　在1900年的时候，家族品牌出现转折点，欧内斯特·博尼法斯·德·卡斯特兰，小名叫博尼，他是创始人的表亲，极其富有，先与美国铁路大亨的女儿安娜·古尔德先是举办了一场轰轰烈烈的婚礼，随后又与之离婚。很快，人们就把其家族的名字与那种"巴黎式"的奢华生活划上了等号——一切要最美，一切要最贵，一切要最豪华，没有什么能阻碍博尼，他将马克西姆餐厅和他要求按照凡尔赛大特里雅浓宫设计的桃色宫作为自己品牌香槟的标志建筑……从标新立异弄到破产，该品牌后来被香槟联合体（l'Union Champenoise）的菲尔迪南·梅朗（Ferdinand Merand）收购。直到1999年被巴黎之花香槟收购之前，卡斯特兰香槟始终是在梅朗家族手中，尽管中间有过婚姻、继承等一系列事件。除了一座当年因品牌创始人的意愿建造的钟楼，整个建筑物的长度为200米、高9层。在这里隐藏了大量的建筑领域用砖和由雕磨后的石头搭建的珍宝。在这些新奇物件中，访客们会在那些大理石牌子前停留，这些从1927年起便安置在那里的石牌上写着巴塞罗那、伦敦、布鲁塞尔、纽约、悉尼、亚历山大——红带标的环球旅行，这也表明了品牌国际化的雄心。在这里，我们也可以赞赏莱昂内托·卡皮埃罗（Leonetto Capielle）的那些独具匠心的招贴画，这可以说是1902年开始的广告前身了，还有那些更为当代些的卡内蒂（Canetti）的招贴画。收藏家们经常会在eBay上为一个卡斯特兰香槟瓶盖而竞拍。与此同时，每当走进这家企业府邸兼博物馆时，还是会因建筑内部使用的实木装修和水泥雕刻而感叹，也会因经厂家统计出的超过5 000种酒瓶商标而着迷。既异常精彩，又是文化遗产。

9层高，237级台阶，走上卡斯特兰钟楼顶部，可以俯瞰到经过埃佩尔内的马恩河。

这里是香槟大街，那里圣尼凯斯山

香槟省的第二件珠宝，对部分人说其实这甚至是排第一的，是来自于13世纪的中世纪遗物，它建在一个3世纪留下的石灰岩道上，就是在这个珠宝盒里保存着泰亭哲香槟中名贵的香槟伯爵特酿。在18米的地下，我们会遇见当年修道士们的精气神，同时也进入了一个在古罗马时代就已经成型的静谧世界。地面上是在法国大革命期间被毁掉的教堂遗址，每年约有6万名游客来这里参观。

在这个加冕之城，香槟伯爵的府邸是兰斯市为数不多的仅存的中世纪遗物。历代的香槟伯爵都把欢迎法兰西国王在兰斯教堂加冕时的豪华宴席安排在这个城堡举行。在香槟伯爵中，有既是诗人，又是纳瓦尔国王的缇博四世（Thibaud IV），他也是布兰奇·德·卡斯迪亚（Blanche de Castille）的表亲；还有另外一个缇博，是一位骑士是十字军的一位首领。泰亭哲香槟酒庄将这个传奇的地方用以接待贵

本页右图及右页图：沿着这些台阶走下去，就进入了位于兰斯的泰亭哲香槟酒窖，各种香气在其中走向成熟，而香气正是年份香槟特点的序曲。香槟伯爵曾在这些厅堂中聚集。为了向他们致敬，酿酒师会让桃红香槟的酒裙更偏于较深的玫瑰色，而且还带有一丝紫罗兰的色彩。

宾，更是遵循传统，在音乐中将白丘最好的白中白香槟伯爵特酿奉献给宾客们。圣母大教堂也因此而受益。在教堂建成800年的纪念活动中，泰亭哲贡献出了装在独特砖型包装里的加上编号的100瓶2000年年份香槟伯爵特酿用以拍卖，其收入作为修复圣母大教堂的费用。

泰亭哲持有288公顷葡萄园，生产出了37款香槟，并还在继续为这座城市增加荣耀。其他的知名品牌为香槟省的其他方面做出了贡献。岚颂香槟（Lanson）带来了它的标识：带着八星十字，这是来自于十字军东征中的马耳他骑士会。这个品牌的香槟从维多利亚女王时期开始进入英国皇室。

玛姆香槟的红带则源自1802年拿破仑创建

的荣誉军团。随着时代的发展，在这条历任法国总统专属的红色勋带上，玛姆香槟增加了象征女性的桃红线绳。

而路易王妃香槟，这伟大的水晶香槟，只有这一品牌的香槟仍继续坚持使用透明的水晶瓶。伯瑞香槟（Champagne Pommery），因墙上雕塑家古斯塔夫·纳福雷（Gustave Navlet）所画的颂扬酒神的壁画而自豪。这位雕塑家因擅长在木料、软石灰和真皮上创作而闻名。凯歌香槟，想想这第一款杰出女性年份特酿（Cuvée de Grqnde Dame），还有纳福雷的浮雕。还有白雪香槟（Piper-Heidsieck），它因为一部由休·格兰特（Hugh Grant）出演的一部关于品牌销售经理人跌宕起伏的人生的电影而被世界所熟知。加上帕雅香槟（Paillard）及雅卡香槟（Jacquard），这些都是享誉盛名的出产于兰斯的香槟头牌厂家。

左页图： 在规模宏大的石灰岩屋顶下，墙壁上有着古斯塔夫·纳福雷的浮雕作品，在这些真的可以成为宝藏岩洞的地方，类似酩悦香槟酒庄等会组织盛大晚宴接待宾客。

右上图： 兰斯，凯歌酒窖中一幅纳福雷的浮雕艺术品。

右下图： 在圣尼凯修道院废墟下保留完好的地下密室和地窖。在这里，泰亭哲香槟酒庄里最为知名的香槟静静存放。

以前辈的名义

  固定在墙上，上方还有着照明的灯光，每个牌子上还有人名，好像是那些街道上的路牌。他们代表着香槟省工人传统，传递着这些人对品牌的忠诚。很少有企业能做到宽严相济、张弛有度，从而被员工们视为"衣食父母"，并得到回报。这些是地下隧道的标识，每位来访者抬起头就能看到这些牌子，目光里会带着庄重和对这些前辈们的敬意。这些铭牌在香槟省并不罕见，下面展示的仅仅是在凯歌香槟酒窖内的几个。在香槟省，传统需要相互分享。

隧道梭尼·希西里（Sogny Cécile）

酒塞工人

在酒庄工作40年

（1941—1983）

隧道拉凯·欧仁（Raguet Eugène）

木桶工人

在酒庄工作57年

（1873—1930）

隧道默克尔·欧仁（Merkel Eugène）

酒塞工长

在酒庄工作42年

（1914—1956）

隧道勒里奇·阿尔贝（Leriche Albert）

施工工长

在酒庄工作52年

（1879—1931）

隧道勒博·皮埃尔（LEBEAU Pierre）

去渣工

在酒庄工作46年

（1926—1972）

隧道玛尼凯·亚瑟（Marniquet Arthur）

监督

在酒庄工作60年

（1871—1931）

隧道托马斯·路易（Thomas Louis）

工人

在酒庄工作50年

（1865—1915）

CRAYÈRE
ZECHES ALFRED
CHEF DES CAVES
51 ANNÉES DE PRÉSENCE À LA MAISON
1890 - 1941

CRAYÈRE
REGNIER JEANNE
CHEF BOUCHONNIÈRE
49 ANNÉES DE PRÉSENCE À LA MAISON
(1909 - 1958)

叛逆的阿依

拍电影、说电影，不可能离开香槟省不说到阿依，这座靠近埃佩尔内的城镇是申请联合国教科文组织世界文化遗产认证的先锋城镇，在这里也要向堡林爵香槟（Bollinger）致敬。可以说，这个品牌香槟气泡伴随着詹姆斯·邦德的每颗子弹，乃至于专为他定制了限量版的"子弹"香槟。也是因为这样，堡林爵香槟将世人的目光吸引到了阿依这个小镇，并将小镇不为人知的小故事写进了大历史。在镇上，教堂周边的街道上有35家香槟品牌店，而教堂里描述的也是圣雷米的生活经历和葡萄的故事。就这样，德兹香槟和带着屋顶的酒窖共同演绎着高端品牌的角色，或是高塞（Gosset），他们从1584年就在这里了！但如果说这里的葡萄园从高卢–古罗马人时代就为人所知，那这里更是1911年酒农暴乱的主战场。当时，"真正的"香槟人揭竿而起，抗议酒商从传统产区外大量收购葡萄。当时，有着3 000名士兵的第94师团完全封锁了仅仅有2 000人的小镇。阿依翻版了拿破仑近卫军老兵（Grognards）的口号："山丘（代替了近卫军）可以死去，但

绝不投降"。阿依最后赢得了产区保卫战！这次，教科文组织认证的征程必将是和平的，但也是外交上的一场战争，可以说是"第二场战役"。

右上图：詹姆斯·邦德50年纪念版：堡林爵007子弹版

右下图及右页：阿依教堂和教堂内的浮雕

阿侬的酒农暴乱

　　在旧货市场还会看到些特别的老照片或者是明信片，图片显示的是些全副武装的士兵在保护酒窖不被愤怒的酒农们攻击。这是1911年的阿侬。暴乱的原因是什么？事关如何界定香槟省内葡萄园和"造假"。1860年爆发了从美国传来的、经过英国后抵达法国的根瘤芽虫病害，香槟省也不例外地受灾惨重。肉眼根本无法看到的这个隐藏在葡萄藤根部的病虫，会导致葡萄树藤的死亡：1898年24公顷、1900年500公顷、1911年6 000公顷！虫灾又赶上天灾（霜冻，阴雨绵绵），导致了一次前所未有的危机。有些马恩河省的经销商因此转向奥博（Aube）省，因为那里的葡萄园并没有受到虫害的入侵。于是，市场上葡萄的收购价急剧下跌。年初的商业游行激怒了马恩河酒农，导致了抗议和暴乱：埃佩尔内有10 000人上街抗议；在阿侬（有7 000名居民），酒农们开始点火烧毁酒窖，于是整个村镇被6 000名全副武装的士兵包围，其中包括第31军团的龙骑兵。

　　整个暴乱持续了1910年—1911年的整个冬季。随后是在议会代表中的争论，最终导致了在1827年奥博省部分地区被授予"香槟"原产地认证，于是诞生了巴尔丘（Côte des Bar）。

右页图："别碰我的香槟"，这是1911年在阿侬聚集的酒农们喊出的口号。P80-81：有些隧道是在高卢－古罗马人时代挖掘的，整个长度约700公里。这些在石灰岩里挖出的隧道里保护着数百万瓶香槟——泰亭哲（左页），瑞纳特（右页）。

走在香槟大街上

从1994年起，香槟大街被列为"品位出色场所"。这个标识是由法国一个多部门联合工作组颁发的。标识的宗旨是奖励那些融合了建筑、文化和美食的场所。香槟大街上公共空间的重新规划将大街上那些建筑风格和谐又多样的香槟酒庄府邸结合得更为和谐、因此使整个街区的建筑物价值得到提升。这份遗产的保存状况也是可以观察到的，分门别类地记录在提供给教科文组织的申请文件中，也值得我们详细介绍一下其中几点，其他的则是些酒窖。参观酒窖时，游客们一般是乘坐各式各样的旅游小火车或极具未来风格的电动车。

莫埃特公馆（Hotel Moet）
香槟大街 20 号

部分建筑最初建成是在18世纪末，风格还是很低调的。现在的府邸还是在原址上扩建出的一个U型建筑，中间是一个有几座雕塑的封闭式庭院。人们会注意到庭院里几个顶部是科林斯风格的方柱。在1792年，让-雷米·莫埃特，即品牌创始人克劳德·莫埃特（1683—1760）的孙子，又增建了一座公馆。在1898年时，整个府邸被重新规划，后在第一次世界大战期间被轰炸摧毁，战后又重建。经过修复的府邸的整体状况良好。工业生产部分，酒窖、

压榨机车间和商务办公场所分布在庭院四边，所对应的香槟大街的临街号码是从8到18号。如今的建筑在1934年完成修建，在里面可以看到一个彩绘玻璃窗，这是保罗·尚桐·德·布里雅（让-雷米·莫埃特的孙子）定制的。这块彩绘玻璃窗位于酒窖入口上方，图案是描述人们庆祝在上维莱尔教堂产区采收的情景，现在这个产区属于酩悦香槟酒庄。在唐·培里侬神父及后来的唐·瑞纳特神父时代，这里被认为是香槟的诞生地。在这里要注意两个时间：1743年和1882年。

前图: 最初的香槟酒庄府邸是从18世纪开始建筑的, 包括巴黎之花香槟府邸(上图)和酩悦香槟府邸(下图), 他们影响了未来整个埃佩尔内香槟大街的发展。**左页图:** 佩里耶城堡, 由佩里耶－汝埃夫妇修建的这座建筑物呈现的是路易十三时期的文艺复兴风格, 修建时间是1854年。

奥邦-莫埃特公馆（Hotel Auban-Moet）
香槟大街 7 号

关于此处要记住三个时间点: 1857年, 在一个面积很大的府邸上开始建造; 1872年, 加建辅助用房和植物温室; 1924年, 埃佩尔内市政府收购了这座公馆, 并改为市政府机构办公场所。

特里雅侬和尚桐公馆（hotels Trianon et Chandon）
香槟大街 9 号

这两座公馆是完全一样的, 全部是由白岩石修建的, 带着三角形的山形墙和挑棚。这两座建筑与莫埃特公馆为轴, 构成了强大的透视效果。公馆内可以说是极尽奢华, 有大量的大理石雕塑、帝国时期和路易十六时期的家具, 以及镶金的木制装饰。这里从1967年开始成为酩悦香槟接待宴请的高端场所, 同时还为嘉宾提供住宿。很多嘉宾都喜欢参观在19世纪初由让-雷米·莫埃特主持修建的温室和橘柚植物房。

佩里耶城堡（Château Perrier）
香槟大街 13 号

埃佩尔内市属图书馆和博物馆从20世纪中期开始逐渐占据了这个规模庞大的建筑物的一部分。根据查尔斯·佩里耶的要求, 整个城堡用砖头和修整后的石头建成, 城堡边上是个种了不少山毛榉的英式花园, 园内还有一条人工修建的小溪。城堡现不对外开放, 其外观和内部都值得认真地修复一下。

巴黎之花府邸
香槟大街 24-26 号

在七月王朝期间, 巴黎之花府邸有过快速发展期, 甚至形容说1811年时的钟表都没有足够的指针来伴随这段发展期。在1791年, 建筑物旁又增加了新建筑。

洛歇-都汕内府邸（Lochet-Duchainet）
香槟大街 28 号

该府邸貌似是整个大街上最古老的建筑（建于1778年）。大客厅壁炉上方的一只鹰的雕像让人想起拿破仑时期。在拿破仑三世时代, 兰斯的香槟经销商亨利-纪尧姆·皮佩（Henri-Guillaume Piper）将庭院改为地窖。巴黎之花香槟酒庄现在将这个府邸作为产品展示空间。

本页右上图：奥邦—莫埃特公馆的公共花园被列为"出色花园"。 **右下图**：巴黎之花香槟酒庄的时钟。
右页：埃佩尔内的加里斯公馆是建筑设计师保罗·布隆戴尔（Paul Blondel）设计的，现在是香槟—阿登地区的文化中心。

加里斯公馆（Hotel Galice）

香槟大街33号

1900年，这座位于一个英式风格公园内的公馆落成剪彩，它的阳台均是用铸铁制作的。香槟—阿登地区后来收购了这一建筑，目前是地区文化机构的办公楼。同样用铸铁制作的铁门上带有字母MG，这是马塞尔·加里斯（Marcel Galice）的姓名缩写。公馆里主楼梯的玻璃窗在1918年第一次世界大战中被飞机炸毁了，随后安置的玻璃窗画是由建筑设计师查尔斯·布隆戴尔设计的，并由玻璃手工匠雅克·格鲁伯（Jacques Gruber）制作。

白雪香槟仓库（Piper-Heidsieck）

香槟大街30号

这个仓库的建筑设计风格还是当时在香槟大街开建公馆的风格——18世纪的风格。这些老仓库主要是围绕中心的庭院分布在三侧，庭院的地面是铺有砖石的。在这里，我们可以赞美陈列在底层的大号橡木桶，这还是当年工业生产留下的遗物。

宝禄爵香槟府邸（Pol Roger）

香槟大街34号

整个府邸的外部装饰吸取了路易十六的风格特点。经历了曾经的酒窖塌陷，后来在1900年一部分地窖塌陷后，在香槟大街这个位置上

建造了这座以砖和石材为主料的府邸。那次塌陷也顺带埋葬了150万瓶酒。府邸的上楣刻着品牌的标识,而下方则有代表着酒神巴库斯的四个圆形饰物。

德韦诺日与布瓦泽尔府邸(De Venoge et Boizel)
香槟大街 46 号

　　一进府邸就可以看到位于庭院中轴线对面的地窖入口。一进院子左手是德韦诺日,而右边是布瓦泽尔,两个品牌的字母都是镶金的。虽然两边的建筑并不是同时建造的,但后来用砖与石头搭建了长尾屋檐和亭台将两个建筑物连在一起,倒也不失和谐。

北京城堡(Château de Pekin)
香槟大街 77 号

　　帕特里克·德·拉杜塞特(Patrick De Ladoucette)从玛喜儿(Mercier)香槟手中收购了这座实际位于香槟大街75号的始建于1859年的北京城堡。该建筑基座为石头,然后用砖搭建了柱体塔楼,圆锥屋顶则用页岩覆盖。从城堡的落地窗及周边花园可以俯瞰下面流过的马恩河。完全被修复后的城堡包括地下25米深处的酒窖和带有一处水景的英式花园。城堡现在是拉封女伯爵香槟(Maison Comtesse Lafond)的总部所在地。入口处的亭楼则是作为接待处和访客品鉴使用。

香槟的诞生

从圣灵到天使……真是需要这些16世纪和17世纪的"摆弄葡萄"的僧侣们的虔诚，才能将这些被葡萄园围绕的村庄改变成小小的人间天堂。唐·培里侬神父、唐·弗朗索瓦神父、唐·瑞纳特神父、高迪诺修士，还有几位葡萄酒农、僧侣和他们的帮手，成功地将大自然的宝藏转变为一串串不可触碰的气泡。揭开这个秘密吧。

如果要在风格粗犷的被人称为"凯尔特人救命水"的威士忌和带着细腻气泡的香槟酒之间寻找某种关联的话，那就只能是圣高隆庞（Saint Colomban）了。据说最早的威士忌蒸馏设备是通过观察一只鸽子的飞行过程而在爱尔兰巨人堤道附近发明且安置的。这套装置现在还在带有德力郡僧侣痕迹的圣考伦布小溪（St Columb's Rill）边保留着。有趣的是，也是经过观察鸽子的飞行后，在公元7世纪，兰斯主教圣尼瓦尔在经过香槟地区时，决定在兰斯山南部的上维莱尔建立教堂。圣尼瓦尔与圣高隆庞是同时期的神职人员，这两位神父都遵循了圣本努瓦（St Benoit）的教规。在上维莱尔教堂的一面墙上依然可以看到兰斯主教在公元662年手持地图勘察地貌的雕像，于是有了这个著名的本笃会教堂。10个世纪后，唐·培里侬神父，尽管在教会里的位置不如圣尼瓦尔主教显赫，也没有像教堂内挂毯上讲述的圣雷米一样将水变成酒，他的"葡萄酒奇迹"已经直接被刻在大教堂的石头上了，而且在埃佩尔内的圣母教堂里还有一幅玻璃窗画讲述这个过程。唐·培里侬所做的与圣雷米是不同的，唐·培

里侬将普通的葡萄酒改变为神奇的葡萄酒，让马恩河产的酒更为轻盈，让兰斯山产的酒更为厚重、更具有陈年能力。

1722年，高迪诺教友（Chanoine Godinot）记录了"唐·培里侬的秘密"，据说这是唐·培里侬在临终前告诉给他的，而他又将这些内容转化为当时的法语记录下来："准备330毫升（Chopine）葡萄酒，加入一磅冰糖，投进

五到六个去核的桃子，几钱的肉桂粉，然后再加上一撮肉豆蔻粉，充分融合后，糖溶解后，加上四分之一升点火烧过的烈酒，然后用干净的细布过滤，将过滤后的液体倒入橡木桶中，这会让酒更为细腻和好喝；有多少桶酒需要处理，就需要多少份调配酒；一旦酒桶里的酒停止沸腾，就要尽可能地包好酒桶，越热越好。"这是种多么奇怪的鸡尾酒啊！

唐·弗朗索瓦、这位谨慎的《圣徒传》撰写人，说到唐·培里侬时是这样写的："品尝葡萄时，他从未说错过出产这葡萄的州镇。"不过，当时唐·培里侬也不是唯一的。

唐·培里侬、唐·弗朗索瓦、唐·葛洛萨尔（Dom Grossard）、唐·瑞纳特（这位神父的名字被他的侄子于729年使用，作为香槟省第一个香槟酒庄的商标）欧达尔兄弟（Frères Oudart）、洛杰神父（l'abbé Rozier）、普路迟神父（l'abbé Pluch）、高迪诺教友等这些人可以说是"静态酒"历史中的里程碑式的人物。从神父到僧侣，在整个18世纪的教会日

左页图：上维莱尔，一切都是从这里开始的，感谢那些僧侣们。

右上图：香槟的先驱人物唐·培里侬的影子始终环绕在香槟区。

右下图：绿色的葡萄园就好像是一张铺在香槟丘陵上的地毯。

常生活里，酿酒始终是个主题。所以，如果将香槟葡萄酒称为"上帝的酒"（Vinum Dei），也没什么可让人惊讶的。

唐·培里侬之墓位于上维莱尔的教堂里，香槟爱好者们一般都会在这里为他举杯，向他致敬。在教堂里，唐·培里侬的墓地上写着："在这里，唐·培里侬生活了47年，他是本教堂的酒窖长，他对窖藏的日常管理配得上最高的评价，他的品德也值得借鉴……安息吧！阿门！"

20世纪前半段时间，那些出身良好的埃佩尔内香槟经销商们非常惊讶地看到，对于唐·培里侬的记忆又重新被隆重介绍了。酪悦香槟的守护者罗伯特－让·德·渥古埃（Robert-Jean de Vogué）主持了纪念唐·培里侬发现香槟250周年的庆祝活动。当时大家还没明白，通过一系列巧妙的商业手段，这个活动等于是正式在香槟的出生证上写上了唐·培里侬的名字，于是香槟的发明者被写成了唐·培里侬。这真是巧妙的一招，因为唐·培里侬特酿（Cuvée Dom Pérignon）恰好属于玛喜儿香槟（Mercier），而玛喜儿与酪悦香槟的联姻则使得这份嫁妆变成了珍贵的遗产。

罗伯特－让·德·渥古埃对如何操作高

知名度的活动非常擅长，下一个活动做得更好。正处于全球经济危机的1936年，香槟也逃不过经济衰退的影响。但罗伯特－让·德·渥古埃委托前往美国纽约的豪华游轮诺曼底号（Normandie）运输了100箱1921年的年份特酿。作为品牌艺术总监，他的疯狂想法是将带着法兰西风味（French Touch）的香槟气泡绽放于美国新年之际。

在过去，香槟瓶子随便就用个细线捆绑起来，但为了这次活动，渥古埃特意采用了一个仿中世纪的瓶子外观，外加一个时尚复古（Old Fashion）的仿拿破仑王朝的酒标，一下

右下图及右页图： 在上维莱尔教堂中，有一块根本不能被人忽略掉的墓石：唐·培里侬，教堂酒窖长。

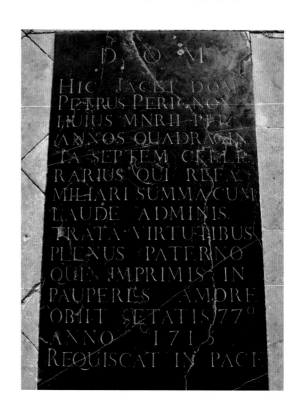

就在曼哈顿造成了轰动。从此，唐·培里侬香槟的传说就诞生了，成为集团的主打产品，并扩展到全世界范围，给上维莱尔教堂的教父带来了无上荣耀。无论是在香槟省的天空下还是其他地方，人们都认为唐·培里侬发明了将静态酒改为气泡酒的方法，也都认为他是最初提倡要"酿好酒，然后好好卖酒"的口号，还认为是他发明了橡木酒塞……

历史会比传奇更有说服力吗？最初，人们认为来自上维莱尔的酒还是培里侬的酒。今天，没人会否认这位神职人员的"奇迹"，也没有人会用尖刻的老学究口吻调侃一下当今这么多的白葡萄酒或者灰葡萄酒（源自黑葡萄品种）都能变成气泡酒，这莫非也是神父的功劳？但如果将制作香槟气泡酒的发明算在他头上这未必有点过分。实际上，在整个18世纪，很多人都为了香槟的诞生做出了贡献。

一场马拉松，为了承诺的气泡

当年那些协助教堂神父们酿造葡萄酒的助手在当今就是那些香槟酒经销商或是众多的酿酒葡萄农（Vignerons manipulant）。这些人非常多，说起来上千都不够，大概有两万，其中四分之三的酿酒葡萄农都出产自己的香槟酒。他们分布在320个村庄（每个村都有自己的名庄酒），占地34 500公顷，一直延伸到了阿登地区。这其中又有四分之一在奥博省，种植的品种包括黑皮诺（38%）、莫尼尔皮诺（32%）和白色的霞多丽（30%）；年产量接近3亿瓶香槟，营业额为30亿欧元，其中一半用于出口。

在香槟省，1月22日的新年庆典印证了这是得到圣文森特永恒的宗教祝福。而从季节交换的采收开始，所有人都随着收获的节奏颤动。

右下图：用线捆绑香槟瓶塞的时代仿佛已经很遥远了，现在都是用金属丝扣。

右页图：在上维莱尔教堂的钟楼脚下，时间仿佛已经停止了。

查理泡泡乐队

　　您是RC呢？还是RM？这两个缩写的差别可大了。香槟地区分出两类酒农：RC和RM。RC是Récoltant Coopérateur（合作果农），RM是Récoltant Manipulant（酿酒果农）。前者是加入一个酒业合作社，由合作社来完成相关的酿酒、装瓶、存储和销售等一系列步骤。简单地说，合作社成员就是把自己刚刚采收下的新鲜葡萄果实送到合作社去就行了，然后再由合作社根据原产地要求进行榨汁等工序。

　　在合作社里是完全不可能将不同产区的葡萄混在一起的，比如将兰斯山区盛产的黑皮诺与马恩河谷盛产的莫尼耶葡萄混在一起。后者之所以叫莫尼耶葡萄，是因为成熟的葡萄上会有一层类似珍珠般的白色薄层，有点像撒上去的面粉。

　　加入合作社的成员自己不酿制香槟，这点是与酿酒果农不同的。前者从合作社里取回已经装瓶而且去渣后的香槟酒，至于瓶子上的商标，则是可有也可无的。

　　从生产规模讲，面积超过5公顷的葡萄园的果农自己酿酒比较合算；但对小规模的葡萄园来讲，自己酿酒所需的投资还是比较沉重的，比如要买榨汁机、各种桶罐等。

　　香槟省第一条旅游线路始于马恩河查理市。该市在埃恩省南部（该省覆盖了大约10%的香槟葡萄园），正好位于距离巴黎圣母院和兰斯大教堂距离相等的中间位置。马恩河查理市出产的莫尼耶皮诺葡萄的香气是那么出众，以至于所有的大品牌香槟里都要添加一些。在这里有三个出色的小厂家：福安特男爵（Baron Fuente，酿酒果农）、德斯莫尔·德里欧（Desimeur Drieux，酿酒果农）和拉诺·布莱耶（Lanou Brayé，合作果农）。他们三人所生产出的和谐香槟酒被人们称为"查理气泡三人组乐队"。这是些让人产生哼唱跳舞欲望的香槟。

右页图：手动剪枝时候，在马恩河查理市采收的画面。**后双页图：**用铸铁制作的招牌在香槟省的村镇里很常见，也代表着村镇的个性。

酿酒真的是反反复复的辛苦劳作：挑选葡萄品种、酿制、搅拌、在酒窖中熟成、装瓶、上酒塞、上丝扣，然后才可以考虑一段时间后的品鉴，才能看到每个杯子中释放出的气泡，就仿佛释放出我们所有的感觉。

我们不再是劳作于上维莱尔教堂的半亩园中，而是由工人们搭建起来的整个生产链遍布半个省。每天凌晨钟楼响起，成队的酒农（某些是季节工，一部分是按天计工资的）晨起劳作，这也是修剪刀取代剪枝刀来摘取那些最成熟的葡萄的时候。这些葡萄颗粒炫耀着自己带有糖度的成熟度。葡萄颗粒的采收一定是手工完成，大概会持续三周时间。整个过程会沉浸在一种带着男性色彩的宴饮氛围中，但这也不排除女性们也是要做些体力活的。每个人的背篮里都会装满精心挑选后的葡萄串，然后倒入一个巨大的葡萄篮，几乎都可以就地榨汁了。

然后就是发酵期，甚至是再次发酵期。时间轮会再次滚动，特别是到了春季，葡萄浆汁

左页图：庆祝圣文森特节（1月2日）后开始剪枝，这个工作通常是由妇女们来完成，主要是剪掉那些不需要的葡萄枝。

本页上图和下图：葡萄树开花100天后开始采收。采收后的葡萄就直接送去榨汁了。

开始上升，开始产生气泡。气泡酒就这么诞生了。但这不是随随便便的一款气泡酒，这是香槟！转眼由春入夏，这时候，装瓶该成为主要工作了。在这期间，都不知道有多少个瓶子爆炸了，可见酵母的作用还是很大的。气泡的产生其实仅是个很小的庆典。此时，酿酒师开始自己的调配，每人都有自己的秘方，这个秘方要比童话故事《阿斯特里克斯》里的秘方珍贵上千倍。一般来说，酿酒师会用30~40种样酒进行调配，期间还要点几滴甜酒；而且，如果认为有必要，酿酒师还会加上些陈年酒。于是葡萄酒开始了发泡过程。

简单说一下发泡过程，应该有人开始迫不及待地想品鉴香槟了：酵母消耗的糖越多，产生的二氧化碳越多，于是瓶里的压力就越大。很久以前，当酒瓶里的压力达到了6~8巴⊖时，玻璃瓶就会爆裂，所以酒窖中常常遍地都是爆裂的瓶子和爆裂的啪啪声，幸好这已经是过去了。从19世纪后半期起，玻璃制瓶厂已经可以制作出能够承受18巴压强的香槟酒瓶了。

装瓶后的酒终于可以在石灰隧道里陈年了，这些隧道可以被称为是真正的光影静谧的地下教堂，因为当年隧道的照明还是靠蜡烛，其环境温度也稳定在10摄氏度。酒瓶陈列在绵延几公里长的架子上，其摆放也是有要求的：金字塔状的木板架上有椭圆形的圆孔，每个瓶子瓶口向下，卡在椭圆口上。这种摆放方法更便于转瓶，就是每隔一段时间就按照一定的方向转动瓶子，使得瓶中的沉积物逐步滑落到瓶口的位置。但生产香槟的过程非常漫长，好像是马拉松，到这里，马拉松还没结束，还要有几个阶段才能登上味蕾之王座。贴标就好像是最后的加冕一样。商标通常是经过专门的艺术设计，带着酒的个性，好像是加冕过程中的橄榄王冠。一般来讲，普通非年份天然型香槟需要15个月的酒窖内陈年；而年份酒则需要至少3年。在贴标和最后上餐桌之前还有一步工序要

正对： 简单标识通常表明在调配前每个酒的来源。

右页： 酒窖中堆积成墙的香槟，这是在兰斯的瑞纳特香槟地窖。

⊖ 1 巴 =100 千帕。巴为表示压强的单位，并不属于国际单位制，但在欧盟国家里，律法上是被承认的。

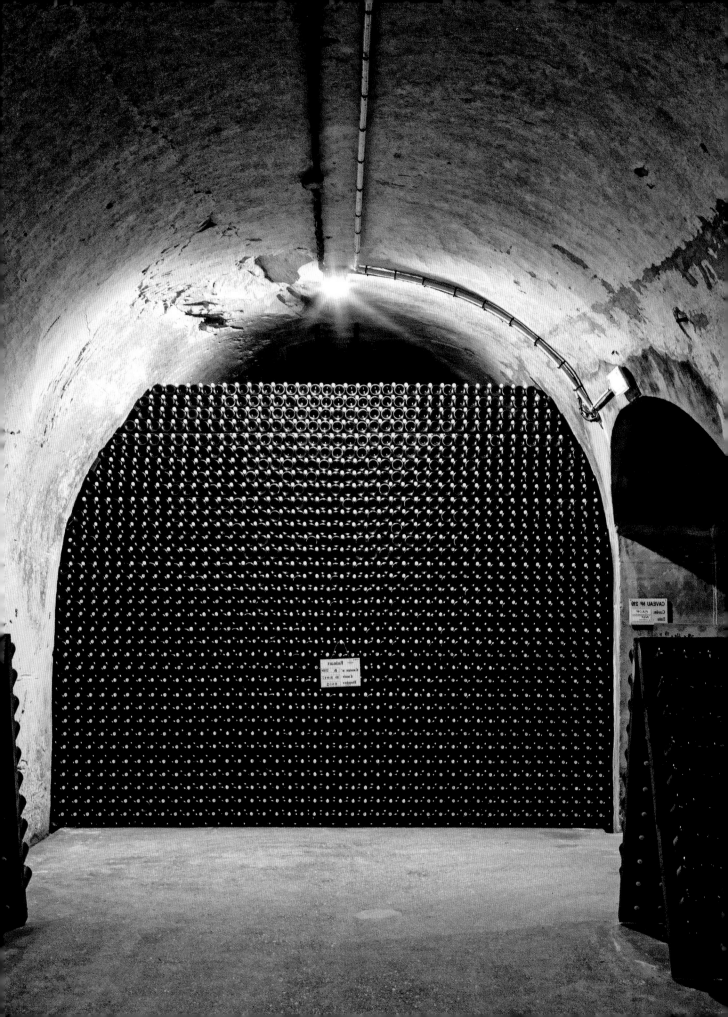

做，即所谓的"去渣"（dé gorgement）。这是非常简单、粗陋的技术，没有任何高贵之意，好像是真对那些在百万瓶香槟中抽签中奖的幸运者的最后洗礼一样。然后就是塞上用橡木做的酒塞，这是个用金属线丝扣固定住的可识别标识，同时也是最后一个为了避免因压力过大而爆裂所采取的措施。

在香槟省，总是有干不完的工作，这个地区是不允许各种偷懒的。冬季寒冷，雨和雾带着敌意地包裹住一切。这个季节要给葡萄树剪枝。剪枝工作始于圣文森特节（1月22日）后，大概要持续5~6周的时间。工人们手持剪枝器，要梳理葡萄树上的藤枝，并要捆绑葡萄树枝——每公顷大概是10 000株葡萄——把新树芽连到支撑葡萄树的支柱上。这些新枝其实很细，但生长迅速，所以看着如柴火般，或者细得像菜农们常说的青笋一样。如果看到有父母带着放假的孩子，无论是青年还是少年，全家出动在纵横交错的葡萄田间剪枝、除草、耕

前页：气泡酒瓶是用橡木塞塞住的，随后用金属丝扣固定，以保证瓶内压力。

左页图和本页图：在三角木架上香槟酒瓶头向下斜置，转瓶及去渣大概需要一个月的时间。最后在检查葡萄酒是否足够透彻后，再换橡木塞及上丝扣。

地……一点也不用吃惊，因为举杯到唇边的成功之路是很漫长的。

开香槟酒也具有仪式感，开瓶时要转动瓶子而不是酒塞来释放瓶中的气泡；还要使用笛型香槟杯而不是碟型酒杯，这样可以避免香气逃逸得过快。既具有仪式感又很耀眼的开香槟方法是用刀剑削开瓶子，在埃佩尔内有位大师专门教授如何用刀剑开瓶，可见这种方式还是有技术含量的。如果不用刀剑开瓶，那最好在喝香槟时配上点音乐。上维莱尔村（大概有700户居民）的管乐队——三只鼓、三支小号、一个低音鼓、三支猎号和一只长号——每月有两个周二都在教堂边演奏为圣文森特编写的晨曲，而教堂里长眠着上帝最著名的子民之一——唐·培里侬。

商标的秘密

自从在19世纪中叶出现了"年份酒"（millésime）这个概念后，根据法律规定，香槟酒商们就增加了很多产品来推广其特有的酿酒艺术。但大家公认的是，评价一个香槟酒庄出品好坏并不看这些特殊产品，而是看其最常见的天然型非年份香槟。

首先在起泡补液（liqueur d'expédition）里，不同含量的糖决定了不同类型的香槟。超天然香槟（Extra Brut）每升是0~6克糖，天然香槟（Brut）每升低于12克糖，干型（Sec）是每升17~32克糖，半干型（Demi sec）每升是32~50克糖，而甜型（Doux）则是每升含糖超过50克。从定义上讲，自然型（Brut Nature）香槟是不含附加糖分的，所以一般人称之为"零添加"（à dosage zéro）。

然后还有些内容需要解释说明。除了些关于风土产地、酿造罐、生产村、酒精度及装瓶量等标识外，还能看到一些其他的神秘缩写，这些缩写是由位于埃佩尔内的香槟委员会发布的。您可以看到：ND，就是香槟分销酒商（Négociant Distributeur），主要售卖已经可以饮用的酒；NM，香槟酿酒酒商（Négociant Manipulant），兰斯、埃佩尔内、阿依是他们的根据地，他们占据了市场上一半的生产份额；RM，酿酒果农（Récoltant Manipulant），葡萄酒农自己生产香槟并进行销售；CM，是酿酒合作社（Coopérative Manipulant），就是几位葡萄生产者给所在地的合作社提供葡萄果实，由合作社酿造香槟。如果是一个其他领域的企业希望有自己的香槟酒，比如一家知名的时装品牌，或知名的星级餐厅，或某个节庆活动等，就会看到有MA标识，意思是辅助品牌（Marque d'Appoint）。

所以大家看到，在将笛形杯举到唇边前，香槟瓶上的商标还是值得一看的。

品鉴的艺术

可以说，香槟瓶子越大，容量越多，气泡也会越细腻。比较传统的是750毫升瓶，而香槟爱好者总是会喜欢1.5升瓶（magnum）或3升大瓶（Jeroboam），当然也有更大容量的4.5升瓶（Réhoboam，相当传统的6瓶酒），或6升瓶（mathusalem，相当于传统的8瓶酒），还有9升瓶（salmanazar，相当于传统的12瓶酒）、12升瓶（balthazar，相当于传统的16瓶酒）或最大的15升瓶（nabuchodonosor，等同于传统的30瓶酒）。这种大型瓶香槟则需要非常专业的品鉴，特别是需要控制一个准确的量才能更好地体会香槟。

现在的问题就是，到底是Sabrer（用刀剑削开）还是Sabler（一口喝光，杯子扔到沙滩上）。用刀剑削掉香槟瓶口还是由专家们来吧，这倒真不需要到圣西尔军事学校学习，在埃佩尔内就有老师可以教你这个。首先他会教你如何不晃动香槟，因为哪怕是最简单的、自家酿制的香槟也不是用来喷洒一地的。当然，如果您不想用刀剑，也是可以平静地打开一瓶香槟的——用一只手握住解开丝扣的香槟酒塞，但不要通过旋转木塞或硬拔木塞来开酒，而是要用另外一只手托住酒瓶底部，慢慢地旋转瓶身，就等于是重复一下在酒窖里的"转瓶"工艺，也算是对香槟的最后尊重。

在哪里这些香槟气泡们会最为幸福？笛形杯中还是郁金香形杯中？二者各有拥趸。但要避免使用碟形杯，因为它比较浅，没有足够的气泡上升空间，而且也不太方便入口。

白色还是桃红，各有各的色彩

香槟省的葡萄种植主要有三种，在整个34 000公顷的种植面积中的分布是这样的：黑皮诺占38％，主要在兰斯山和巴尔丘——与酿制出色的勃艮第红葡萄酒的黑皮诺是同一品种；32％是莫尼耶皮诺，这也是个黑皮且成熟很快的品种，因为更为柔顺，所以更多是用于酿制基酒，主要产区在马恩河谷；最后的30％是霞多丽——白皮或绿皮的葡萄品种，与勃艮第的霞多丽也是同一品种，它的最佳产地是白丘。

基于霞多丽，我们获得了著名的白中白（全部来自于霞多丽）。用极具表现力的黑皮诺或者莫尼耶皮诺，这些都是黑皮葡萄，我们生产的是黑中白，同样也受人喜爱。

香槟产区是唯一一个在制作桃红葡萄酒时候可以将红葡萄酒与白葡萄酒混合搭配的产区。通过不同年份的三种葡萄酒混酿（所以其中肯定有黑皮诺），可以获得令人吃惊、又很微妙的桃红香槟。比如泰亭哲，他们的桃红名望天然型香槟（Brut Prestige Rosé）在做开胃酒时候非常优雅，其秘密就是最后调配时候加上30％的霞多丽和15％的主要是用兰斯山的黑皮诺酿制的红色安静葡萄酒。说到窖藏天然干型香槟（Brut Reserve），其酒裙光亮，呈稻草黄色，则是来自35种不同地块的基酒（40％的霞多丽、35％的黑皮诺和25％的莫尼耶皮诺）。

对于"年份酒"每人有自己的手法，主要是根据同一年份采收的不同葡萄果实的调配混酿而成。经过几年的酒窖陈年，这些年份酒的个性也就逐步显现出来了。

凉爽但不冰冻

香槟的侍酒温度是8摄氏度。年份更老的香槟的品鉴温度要更高些（大概在12摄氏度）。降低香槟温度的最好方法是将香槟酒瓶在一个冰桶里放置20分钟左右。所有的香槟厂家都生产自己的冰桶，这些冰桶中有些甚至是艺术品级的，又或是装饰艺术类型。

选择正确的杯子是很重要的。不用笛形酒杯，因为它会过于封闭香槟酒的香气，更不能用类似吃冰激凌时用的碟形杯，因为气泡会跑得更快。还是用郁金香形杯吧！为什么不用水晶制的郁金香形杯呢？尤其是男女二人的晚餐，香槟酒会让晚餐更温馨，因为香槟代表了女性的永恒……

后面双页图：如何品鉴香槟侍酒是门艺术。适量地饮用香槟是必备的美德，同时也是对自己和对香槟的敬重。侍酒的过程不能过快，也不能过猛，否则就是对香槟的欺侮。

如何对香槟说我爱你

冰雹、暴雨、病虫害……葡萄的种植是在一块特有的风土上进行的，平均温度为11摄氏度。无论是霞多丽（白葡萄）还是各种皮诺（黑葡萄），都是用手采摘的。从手工采收到经过榨汁机后葡萄酒的诞生，一直到"起泡"和最后地窖里的陈年存放，香槟酒完全跟随着四季的节奏。

如果假设香槟的酿造并不是从阳光下的葡萄采收季开始的，如果其实葡萄酒的保护神圣文森特没有一直保佑酒农酿出好酒……这么多的如果，这么多的假设……

冬季，从十二月中旬到一月中，下一年度的采收就已经从剪枝这门手工艺术开始了。葡萄酒农们全家都会参与到剪枝的劳作中，也会在冬季进行接枝。接枝是将葡萄枝，比如黑皮诺、霞多丽等品种在来自加州砧木上嫁接，接口会很快愈合。每根接枝后的葡萄枝会发芽，而砧木则会种植到土壤中，逐步扎根。

等到春天时，在花季前，要将葡萄藤手工捆绑到葡萄架上，这也会避免葡萄树的疯狂生长。

到了九月份，就是采收季，随之开始压榨葡萄。一个村接着一个村的，收集到的葡萄根据不同的产区和品种区分，然后开动榨汁机，慢慢压榨。这个技术会压榨出明亮又混浊的葡萄汁，我们称之为"浆液"（moût）。浆液越明亮说明糖分越高。

下一步是发酵过程。首先是酒精发酵，压出的浆液会存在发酵罐里。马恩图尔的巴黎之花香槟酒庄在2011年建成了香槟省最为现代化的发酵罐，酒庄也因此而深感自豪。在这个发酵过程中，所有的葡萄酒厂家都要在浆液中加入酵母，这是种专门攻击糖分并将其转化成酒精的微生物。也是在这个阶段开始出现二氧化碳，从外观上看，好像是浆液在沸腾。这期间，酒还是酸的，但已开始变化，而酵母则开始在发酵罐中逐步沉落到罐底，看去好像是个沉积物地毯，俗称是"酒糟"。一个完整的发酵过程大概需要10到15天。

现在该酿酒师（或称为酒窖长，chef de cave）走上舞台了。他的责任是长期保持某一品牌香槟酒的口感、香气和风格，这真的是门艺术。尽管每个年份的酒都会因为当年的气候

对风土的影响而有些不同的香气，但那些被称为"陈年酒"（vin de garde）或"窖藏酒"（vin de réserve）的往年产酒会在调配中扮演平衡香气的角色。还不至于用库克香槟珍藏特酿来说明，截止到目前，库克香槟厂家有唯一一款用超过120款存年超过十多年，甚至有超过15年或更久的年份酒调配的香槟。一般来说，一名酿酒师会调用40多种酒样来调配，整个调配过程是通过他的鼻子和经验来判断各种香气的表现。

调配成功后，就是葡萄酒入窖陈年期。对于普通天然型香槟来说，15个月的陈年是最基本的要求，其中还包括12个月含酒糟的陈年。而年份香槟则是从加入二次发酵的起泡补液后，再陈年至少三年。库克香槟酒庄的特酿天然型库克香槟（la grande cuvée Brut Krug）会在酒窖里陈年6年，某些年份酒甚至要十年的陈年期，是这些造就了库克香槟的威望。由此可见，有些香槟酒在倒入到香槟杯之前，已经默默地准备了25年之久！

我们再次潜入到香槟省的石灰地下隧道中。整个地下隧道总长约700公里，最深处距离地面30米。这些地下迷宫中有个小教堂，就是唐·瑞纳特的教堂，已经被列为历史文物了。在两次世界大战期间，这些隧道也成为避难所或者战时军事医院。地下温度恒定在11摄氏度，存放的几百万瓶香槟躲开光线，在不同酿酒人的目光下沉睡着。

该给神奇的气泡留出些位置了。香槟的酿造艺术就是在于将"静态"酒转换为带有微细气泡的起泡酒，这些气泡给爱好者们的口腔带来愉悦的体验。将静态酒转化为香槟酒的过程，我们用这块土地的名字命名为："香槟化"。

起泡这个阶段是非常重要的，其中一部分就是环境温度的影响，酒窖温度11摄氏度是非常理想的温度，随后第一次、第二次酒精发酵就为起泡现象打开了道路。一月份调配好的基酒开始装瓶，并在装瓶的同时加入起泡补液，包括糖分、酒和酵母。酵母在瓶中生长，产生酒糟沉落在瓶底，分解过程产生的二氧化碳被溶解在酒中，封闭的瓶内气压开始加大。此时的酒瓶还是用一个简单的瓶盖来封住，我们把这种瓶盖叫"小东西"（bidule）。瓶中的糖分分解得越快，瓶内的二氧化碳就越多地溶解于酒中，也就是未来的气泡。这个过程大概需要40到50天完成，也宣告酵母的消失。在过去，酒瓶爆裂的风险非常大，几乎无处不在，当时的工人们都带着一个特制的铁网面具保护面部。瓶中的压力一般为6巴。而如今的香槟瓶如果是用加强型玻璃制作的，则可以承受18巴的压力。

此时，距离我们品尝香槟还很遥远。将酒瓶倒置（pointtage）和转瓶（remuage）是在销售香槟前的两个重要节点。这是为了去除在二次发酵起泡过程中产生的沉积。通

下页图：在库克香槟酒庄，手动转瓶工序（每年转动 7~8 个周期）。这个非常传统的动作在所有的香槟酒庄都能看到。有些酒庄则安置了更现代的自动转瓶设备（gyropalettes）来加强转瓶的节奏。

过转瓶工艺，沉积物（酵母沉积和其他）逐步移动到瓶口，这就可以进行下一步的除渣（dégorgement）工序了。酒瓶倒置是指将酒瓶口向下35度倾斜着放置到搭立在一起的两块带着椭圆洞且可以放置120瓶的木板上。这个工序是在1816年被首次使用的，发明人是科里克欧夫人本人。这个倒置角度可以使得酒糟流向瓶口，是两个星期就能解决的问题。2005年，著名设计师安德烈依·普特曼（Andrée Putman）为向科里克欧夫人致敬，将她的转瓶架子——一件粗糙的工业用品改成了当代餐桌。设计师的想法是：前卫的二人午餐，两人面对60多个瓶口向下的酒瓶，瓶子上还带着著名的橘黄色标签，这个活泼的色彩寓意着1877年开始使用的凯歌香槟酒标。

那具体负责转瓶的人是怎么做的呢？他的工作是手抓住转瓶台上的酒瓶底部，然后通过手腕运动转动酒瓶。这必须是轻柔而干脆的动作，每次转六分之一圈，要么向左，要么向右。转瓶台上有相应的标识表明转瓶的情况。每瓶香槟一天要被转14次。一个好的"转瓶工"可以在转瓶期结束后总共转瓶46 000支，而职业风险就是最后得了"香槟肘"病。瓶里最后的杂质就是通过转瓶处理掉的。随着技术进步，现在越来越常见的是用自动转瓶设备来转动装在托盘上的香槟酒瓶。

最后一步就是加酒塞了。开启一瓶香槟不建议通过摇晃香槟而使得瓶中压力将酒塞喷

左页图： 香槟酒瓶的包装是门艺术，包括酒塞、丝扣和丝扣圆片［图案表现的是阿依厂的伽第诺瓦（Gatinois）］，商标也能透露丰富的信息。而酒瓶颈饰（Collerette）则好像是条印有厂家徽标和特点的领带。

下页图： 马恩河查理市福安特男爵香槟（Baron Fuente），酿酒果农酒庄里超级现代化的发酵罐。

出去，开酒方式也需要柔和的手法和对酒的尊重。香槟酒塞的选择是极其重要的，不仅仅是因为酒塞要有足够的密封性。首先要通过蒸汽软化酒塞（温度大概为40摄氏度），然后将其一半塞进瓶口，再将剩余部分压制成蘑菇形状，最后再加上金属帽和金属丝扣，这是为了控制住瓶中的压力。香槟沙龙市（原来叫马恩沙龙市），已经有了著名的雅克松（Jacquesson）香槟，但这个地方也因为是香槟丝扣的发明地而闻名。丝扣顶端的小金属圆片可以让香槟酒庄做出更多标识。很多酒庄在这个圆片上印上自己的徽标，或者其他内容，比如明星头像、皇室名人、历史名人等。有不少收藏家会来购买这些圆片，然后在eBay网上进行交易。

最后的包装，就是商标。每家酒庄都有自己商标的形状、色彩，目的是让消费者在购买香槟时候能一眼就能识别出自己想喝的香槟。玛姆香槟和卡斯特兰香槟的红带标识当然是不一样的，黄色的凯歌香槟标识非常显眼，而其他商标更多是低调优雅的设计风格。除了一些特别的香槟酒瓶，比如路易王妃香槟瓶子之纯净透明是独一无二的，香槟酒瓶的外形设计更多是参考中世纪风格，位于名贵之巅的诸如香槟伯爵、唐·培里侬和唐·瑞纳特及库克香槟，再如泰亭哲的艺术系列特酿香槟瓶子设计。整个香槟产区的酒庄们都很注重香槟酒瓶的艺术特征，这往往是因为市场调查结果显示，酒瓶设计有助于品牌特征的形成。而消费者也很愿意享受加入到某一品牌俱乐部的氛围。

气泡中的艺术

电影、文学、绘画和雕塑都在宣扬香槟气泡所带来的快乐。无论是纳福雷的浮雕还是穆夏（Mucha）的新艺术招贴画，或是杰夫·昆斯（Jeff Koons）在瓦萨雷里的那幅用当代手法表现唐·培里侬的绘画，又或是流行艺术大师罗伊·利希滕斯坦（Roy Lichtenstein）因这款高尚饮料所带来的富有创造力的作品。又因为各路明星的喜爱，电影这门第七艺术也很关注香槟。

在温莎城堡金碧辉煌的大厅里，一位戴着白色领结、身着燕尾服、头发灰白的男士站了起来，他粗糙的面孔上布满了多年斗争所带来的皱纹，他举杯并向英国女王伊丽莎白二世致敬，乐队同时奏起英国国歌"上帝保佑女王"。场面有点令人难以置信，但确实是真的。手上举着笛形香槟杯的马丁·麦吉尼斯（Martin McGuiness）是北爱尔兰副首相，也是前爱尔兰独立运动武装天主教派活动分子中的知名人物。这次应爱尔兰总统迈克尔·希金斯（Michael Higgins）邀请98年来第一次到伯明翰宫进行访问和参加活动。当然1916年在都柏林发生的血色复活节，或20世纪70年代流血周日，或是那些伤及无辜的敌对爆炸活动等还在人们的记忆中留下鲜活的伤疤。但现在是皇家庆典，虽然很多人更希望有皇家大赦。

就像她六年前为了迎接法国前总统萨科齐及夫人布吕尼的正式官方访问一样，女王在这种极其郑重的场合会用香槟来庆祝。但是用哪个品牌的哪款香槟呢？在正式开始前，这是极其保密的信息，女王的侍酒长会从具有三百年历史的酒窖里选出几款最为古老的香槟。

八种法国香槟可以享受"皇家认证"（Royal Warrant）的待遇——授予一枚印章和一本官方证书来证明是英国王室的正式供应商。每个厂家的入选历史和级别都不同。

维多利亚女王在1884年时最爱堡林爵香槟，随后又开始喜欢宝禄爵香槟，因为这家埃佩尔内的香槟酒庄在英国的代理仔细调查了当

地市场的口感偏好——英国人习惯在吃甜点时候搭配糖度高的波特酒，而代理当年则很聪明地先让驻扎在印度加尔各答的英军的军官们品尝香槟酒。随后，军官们将这个香槟带回本土。库克则坚持从面积仅有1.84公顷的葡萄园中酿制杰出特酿香槟（克罗美尼特酿Clos du Mesnil），岚颂是依靠他们在不列颠贵族中的长期影响力，酩悦香槟则带着多款出色的香槟参与了2013年举办的女王登基钻石大庆。玛姆香槟、凯歌香槟、路易王妃香槟，现在还有查尔斯王子选中的巴黎之花，它们一起在友好地争抢着一个最被关注的名誉——"经女王陛下许可"。

大不列颠王国与香槟之间有着密切的联系，人们随便就能找到一个借口刀削一瓶香槟庆祝，但这些渊源是那些130岁以下的人不曾了解的。在维多利亚女王之前，从18世纪起，英国王室就在颂扬香槟酒的美妙。很多画作都

左页图： 气泡的神奇世界——成千上万的气泡从杯子底部升起，在酒的表面破裂。

右上图： 凯歌酒庄的闺秀特酿（Cuvée La Grande Dame）的酒塞牢牢地带着品牌徽章的烙印。

右下图： 温斯顿·丘吉尔爵士特酿的丝扣圆片。

表现了这点。不可避免地，唐宁街十号的英国首相府也是要跟随的。

在战后的岁月中，温斯顿·丘吉尔用特别渠道运送了多箱12支装的、容量为1品脱（约为568毫升）的1928年份特酿。

这位嘴不离雪茄的男人被奥黛特·波罗·罗杰（Odette Pol Roger）的魅力吸引了。他有一天说道："我太太克莱米认为，一整瓶香槟有点多，但一个半瓶的又不够让她的思维更为跳跃。"于是，皇家一品脱，这个外观特殊且中等容量（0.57升）的酒款成为宝禄爵香槟的荣耀。塞西尔·比顿（Cecil Beaton），这位擅长拍摄著名人物的摄影师，有一幅作品就是永久记忆了老狮子（丘吉尔的外号）手挽着身着红色丝绸长裙的奥黛特·波罗·罗杰步入1947年在英国大使馆举办的一次晚会会场的情景。作为对这些爱恋和忠诚的回报，宝禄爵香槟推出了温斯顿·丘吉尔爵士特酿，在酒瓶颈饰的中间印有这位著名人士的头像。1965年，当丘吉尔辞世的时候，厂家在英国发售的温斯顿·丘吉尔爵士特酿的瓶子上加上了黑带，以示哀悼。

本页右侧图及右页图：对于历届的詹姆斯·邦德来讲，香槟始终是件重要的魅力武器。比如罗杰·摩尔喜欢堡林爵香槟，而肖恩·康纳利偏爱唐·培里侬香槟。

为第七艺术服务

正因伊恩弗·莱明，这位前间谍，对香槟的如此钟爱，所以人们并不觉得苏格兰间谍詹姆斯·邦德在不打斗时举起杯香槟让人惊讶。可以说，香槟这带着气泡的葡萄酒是战士休闲时候最具魔力的武器。

从第一本书开始，特别是从第一部007电影开始，从《金手指》（Goldfigner）到《大破天幕杀机》（Skyfall），扮演007的演员们从肖恩·康纳利（Sean Connery）、罗

杰·摩尔（Roger Moore）到丹尼尔·克雷格（Daniel Craig），他们不仅"效力于女王"，也在为高贵的特酿服务。唐·培里侬、泰亭哲或堡林爵香槟……经过统计，总共有30多杯香槟在银幕中出现或被提到过。肖恩·康纳利，作为鱼子酱和海虾的爱好者，喜欢唐·培里侬香槟。到了罗杰·摩尔的第一部007影片《生死关头》（Live and Let Die），他举起的则是延续至今的堡林爵香槟，特别是在《皇家赌场》（Casino Royal）中。丹尼尔·克雷格在向酒店要求客房服务时那句台词中提到的"要1961年的堡林爵"引起了极大反响。以至于在詹姆斯·邦德50周年庆典时，堡林爵还特意发售了一款特制香槟，包装盒名叫"子弹"，编号007。轻轻按一下盒子上的手枪标志，盒子就会打开，展示出里面的"伟人年份"（La Grande Année）。

更具有故事性的则是被搬上电影的兰斯人查尔斯·海德西克（Charles Heidsieck）的那些不幸征程，主演是细腻又疯狂的休·格兰特（Hugh Grant）。故事是这样的：在美国南北战争中，查尔斯·海德西克因被认为是间谍而被抓了起来，而他本人不过是个想去新世界淘金的葡萄酒商而已。他最后之所以被释放，是因为拿破仑三世的皇后欧仁妮（Eugénie）。他在西部淘金中差点破产，最后只能通过卖掉在丹佛的土地脱身。查尔斯·海德西克最后还是成立了同名的商业公司，这回他成功了，公司的旗帜高高飘扬。这段故事在1989年由一家渴望成功的制片公司拍摄成电影，名为《香槟查理》（Champagne Charlie）。

左页图：比利·怀尔德著名电影《热情似火》（Some Like It Hot）中的玛莉莲·梦露让人疯狂，幸好她喝的是凉爽（而不是冰冻）的香槟。

右下图：1880 年，爱德华·马奈（Edouard Manet）创作的一幅油画《疯狂牧羊女剧院中的酒吧》。

在白雪香槟的历史上，还有一段堪比詹姆斯·邦德的传奇经历。1998年，在波罗的海深处，潜水员在海平面以下60米处打捞上一条沉船。沉船名叫"延雪平"（Jonkoping，瑞典南部一座工业城市的名字），在1916年第一次世界大战中被击沉。从它的货仓里，潜水员们发现了2 400瓶香槟——白雪香槟。这些香槟经查询是为沙皇的军队提供的。

在埃佩尔内，酪悦香槟也是"第七艺术"的赞助人。20多年来，美国电影金球奖和奥斯卡奖的晚宴及庆典仪式上都可以见到酪悦香槟的影子；同时它也是全球各著名电影节的合作伙伴，从威尼斯到多伦多，甚至是那些特别小众的电影节，比如多维尔（Deauville）美国电影节。感性又直率的斯嘉丽·约翰逊简直是当代荣华与魅力的缩影，在她身上，酪悦酒庄找到了能体现自身价值的缪斯女神。对此，这位女演员用一句话来答复："这个品牌所表现的永恒完美地体现了好莱坞的精神。"这一永恒并不是凭空想象之戏言，它强调了这家曾经

右页上图：在苏菲亚·科波拉的影片中，克尔斯滕·邓斯特（Kirsten Dunst）扮演路易十六的皇后玛丽·安东奈特（Marie-Antoinette）。

右页下图：带着烟嘴的香烟，笛型香槟杯，斯嘉丽·约翰逊魅力尽显。

为沙皇亚历山大一世或法国国王查尔斯十世供应香槟的酒庄的尊贵。拿破仑在其巅峰之战奥斯特利兹战役后到酪悦酒庄品酒庆祝胜利；而法国跨越几个朝代的著名政客和外交家塔列朗（Talleyrand）曾经对酪悦酒庄主克劳德·莫埃特（Claude Moet）说："我宣布，感谢您的盛情，您的名望将比我们更为持久也更好，如同这香槟酒中的气泡持久充沛！"

胜利之酒

三个世纪以来，香槟酒就是节日和胜利的同义词。没有一次胜利是缺少香槟神奇气泡陪伴的。每年在广播电视等媒体上，香槟的名字被成千上万次地提到，每一次都是对香槟的荣耀。一级方程式赛车盛典上，大瓶香槟被摇晃后喷洒在冠军车手的头上，同样的场景也出现在"全球挑战者"（Globe Challenges）航海帆船比赛的终点。在造船厂船坞里，人们开启大瓶的香槟甩到即将下海的船上，以示祝福和庆典。没什么比香槟更能庆祝情人节了，在新年期间也处处流淌着香槟，体育明星与成群的粉丝们的庆典也是香槟。

"香槟每人都有！"但是什么香槟呢？克劳德·泰亭哲（Claude Taittinger）在1962年反复思考了这个问题。"到底是无名厂家的香槟还是名牌酒庄的？"在香槟知名品牌联合会（Syndicat des Grande Marques）的年会上，

只有酩悦香槟的灵魂人物罗伯特-让·德·渥古埃（Robert-jean de Vogué，尽管是竞争对手）支持了泰亭哲的论断。看到其他品牌的自私理念，泰亭哲决定冒着被平民化的风险开始了一系列由知名艺术家伴随的广告宣传。他将费用投放到那些引人注目、发行量大的纸质媒体上，比如《巴黎竞赛周刊》，这年是1963年。完全是种巧合，因为美国总统肯尼迪于同年11月份被刺杀，所以《巴黎竞赛周刊》在报亭被抢购一空，卖出了180万册。这是后来成为传奇的一期。这本历史性的周刊都被购买者保存在家里，当然也包括在这期内做的广告。

从此之后，泰亭哲表现出其与众不同的地方。一句还保留在公众记忆中的广告词——"泰亭哲香槟，哪怕一生中就只有一次"可以说是为当今"泰亭哲香槟时刻"打了前站。这是一幅充满诱惑的画面：透过水晶杯可以看到一位金发女子穿着晚礼服。香槟与感性是密不可分的。过不久现代人们会庆祝当代艺术作品。但截至目前，在这些场景面前人们还是发出惊叹：石灰隧道里墙上的壁画，教堂里的玻璃窗绘画，那些代表每个村庄性格特点的生铁铸造出的各种招牌，那些丝质挂毯、雕刻出的台阶、名家画作，或埃佩尔内的巴黎之家

右下图：由斯塔尔（Stall）创作的风格华丽的广告招贴画。

府邸中马若莱尔（Majorelle，又译：雷勒）的家具作品，或那些由多姆（Daum）和拉力克（Lalique）设计的水晶物件……曾经还有郁特里罗（Utrillo）和他的那幅蒙马特高地的香槟（Champagne à Montmartre）；图卢兹-罗特列克、马奈或波纳（Bonnard）……还是昨天，人们会请痴迷于捷克女性广告绘画师阿尔弗莱德·穆茨（Alfred Mucha）的设计，他的作品在当时被认为是新艺术。而今天则是杰夫·昆斯（Jeff Koons）施加自己的风格。访客们说："听到了，这简直是媚俗死了！"但真的是不能忽视摆放在瑞士巴塞尔·贝叶勒基

金会（Fondation Beyeler）前为巴塞尔艺术节创作的"鲜花球"。这个宏伟的作品是杰夫·昆斯用70 000盆鲜花摆成的，可以说是当代艺术的代表，也是艺术节的巅峰作品。对酩悦香槟来讲，杰夫·昆斯走得更远，堪比爱的宣言："最好的记忆？是我与朱斯婷（Justine）的婚礼，用唐·培里侬香槟庆祝的。"不需要为这位追求完美的艺术家提供更多来激励他的创作能量。答案是："维纳斯气球"（Ballon Venus）。这是个令人印象深刻的新波普文化力作，其概念则是来自安迪·沃霍尔这位新文化教父。不管怎么说，这个作品远离常规的包装领域，甚至远离香槟酒瓶包装的象征含义。泰亭哲香槟的风格更为传统，但也不失进取，他们选择了一些著名的创作者，按每年的时装秀来装扮酒庄的各类酒品。维克多·瓦斯莱利（Victor Vasarely），这位被

称为"维数幻觉魔术师"的匈牙利籍画家，在1982年创作了一幅名为《维佳星座Vega》的作品，作品通过在金底色上的蓝色笔触来表现大自然的艺术。安德烈·玛松（André Masson），超现实主义大师，在第一次世界大战中被认定阵亡，后又在香槟里"复活"，谈到了从战争中逃出后夫妻二人喝到香槟的"狂喜"。阿尔曼创作了第2套商标；罗伊·李奇登斯坦，当代波普艺术大师创作了第5套商标；汉斯·哈图恩创作了第6套商标；从野兽派改为抽象主义的日本画家今井俊满（Toshimitsu Imaï）创作了第7套商标。因此，香槟不仅仅是上帝之酒，也是创作之神的作品。

右下图：捷克画家阿尔弗莱德·穆茸，新艺术风格大师，创作的招贴画、卡片和菜单给酒庄留下了不可磨灭的痕迹。

后双页：从1983年起，泰亭哲酒庄就聘用艺术家来包装自己的酒瓶。在这些知名艺术家中有：罗伊·李奇登斯坦（当代波普艺术大师），还有瓦斯莱利、阿尔曼、安德烈·玛松、劳申伯格（Rauschenberg）……

表现葡萄园荣耀的玻璃窗画

兰斯大教堂有三个十米高的尖拱窗上印有与香槟相关的玻璃窗画，这些都是雅克·西蒙（Jacques Simon）的作品。他是一位景观设计师，来自一个已经在兰斯落脚上百年的玻璃绘画世家。玻璃窗画在一个直径八米的花环下，这展示了它的宽度。人们能看到在玻璃窗画的下方中间有香槟省的徽章：左边是埃佩尔内的，右边则是兰斯的。从库梅尔（Cumières）到马勒依（Mareuil），从阿维资（Avize）到多尔曼（Dormans），在祈祷、颂扬的天使们的庇护下，48个教区在这幅窗画中均得到了展示，三个尖拱窗画的内容再现了葡萄园和采收的场景。这个当代玻璃窗画作品在1954年完工，于圣雷米之日——兰斯主教给法国第一任国王克罗维斯（Clovis）加冕之日——取代了大教堂南侧在第一次世界大战时被炸毁的玻璃画。窗画自然也是向所有从事葡萄酒产业的人致敬，这当中自然也有僧侣们，特别是唐·培里侬，没有他们，或许香槟酒也不会问世……当然，作为葡萄酒农的守护神——圣文森特，也参与了这一让人愉悦的庆典场面。

在香槟沙龙市的佛克斯圣母院里也有一幅关于葡萄酒农的玻璃窗画，窗画的顶部有镰刀和百合花的符号……在香槟省所有的教堂和大教堂中，从阿依到埃佩尔内，一直到特鲁瓦，都有传送葡萄荣耀的玻璃窗画，当地人因此而深感自豪。

左页图：在香槟省，没有哪间教堂没有关于葡萄的窗画。兰斯教堂的三联窗画是对葡萄园中劳作的果农们的颂歌。**下两页图**：从采收到压汁，从剪枝到嫁枝，从转瓶到玻璃工匠……所有与葡萄相关的劳作都展现在了这些神圣的窗画中（窗画细节：左边是兰斯大教堂，右边是位于埃佩尔内的酩悦府邸的菲利克斯·高丹［Félix Gaudin］）。

香槟与女性

丰满的科里克欧夫人和她的重孙女在一起的那幅油画，恐怕印在很多人的记忆中。这位27岁成为寡妇的女人，娘家姓为蓬萨尔丹，永远地成为"香槟省的伟大女性"。在她的影响下，众多妇女掌握了知名酒庄的命运。人们常说，香槟是女人的酒。看着眼前走过的这些女神们，真的会因此而颤动。

香槟和女性……美妙得难以言喻。为了2000年的千禧庆典，岚颂最先放出烟花。一个由兰斯的孤儿学校培养大的小农户在1789年法国大革命后建立了这个酒庄。这个酒庄为了千禧年庆祝，特意请来一位出众的女神——阿德瑞娜·卡林姆博（Adriana Karembeu），她可是国际顶级模特皇冠上的一颗明珠。这位斯洛伐克金发美女本人就代表着法式风情（French Touch），因为她最初参加时装秀就是在巴黎。在著名服装设计师帕科·拉巴纳（Paco Rabanne）敏锐的目光下，她被精确地雕塑成型，象征着酒瓶，外面套着一件可称为第二张皮肤的网孔裙。在酒瓶边，她也穿着连衣裙。在千年交替之际，这一造型在全世界范围得到传播。它强化了香槟的女性风情，其实这种风情几乎一直与香槟紧密相连。帕科·拉巴纳与岚颂的网孔裙并不是时装设计师与香槟合作的最后一个案例。

娜塔莉·弗兰肯（Nathalie Vranken），香槟风土上那些伟大的缪斯女神中最小的一位，她掉到香槟中则完全是因为与爱的相遇——与她丈夫的相遇。在1976年蒙泰大街

（Avenue Montaigne）上的采收，一个瞬间即逝的气泡中诞生出一生的爱恋。这些采收，或者更直接地说，"她的"采收吸引了所有巴黎艺术及演艺圈的名人。每一次采收庆典都来自于她的想象力。她希望能将彼此之间很遥远的星座连在一起——火星和金星，

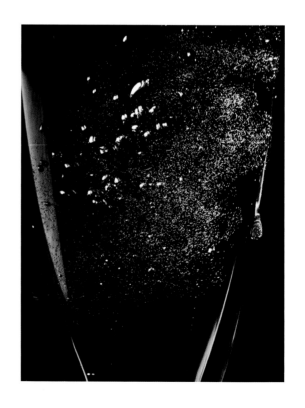

前者代表着男性地域——葡萄酒，而后者代表着女性地域——时尚。可以说，这个结合是非常成功的，还捎带着举办了她自己的婚礼。自从她的丈夫，保罗-弗朗索瓦（"最香槟的比利时人"），今日弗兰肯-伯瑞-白雪集团（Vranken-Pommery-Heidsieck & Co）的董事长，收购了香槟省内第三大面积的查尔斯·拉菲特香槟（Charles Laffite）后，娜塔莉就拥有了一件珠宝：大家闺秀香槟（Champagne Demoiselle）。这个香槟的命名来源于那些飞行在葡萄园主居住的卡斯特涅城堡（Château des Castaignes）水池边的蜻蜓。蜻蜓的优雅飞行姿态给这些水池带来了光亮。娜塔莉用彩色花呢制作的护套来点缀她的"伟大特酿"（Grande Cuvée）。

让·渡赛（Jean Doucet）这位被称为"金手指"的服装设计师成为圣加伦（Saint-Gall）香槟的"蕾丝"（Dentelle）香槟套装合作伙伴。这一香槟品牌是由来自阿维资及兰斯山的一群葡萄酒农们创建的。为了酒庄中那些一级庄级别的白中白香槟威尔图斯（Vertus）与贝哲

左页图：香槟酒的气泡，品鉴乐趣的信使。

右上图：荣耀属于英国女王伊丽莎白二世，这款丝扣圆片属收藏级真品。

右下图：玛丽莲·梦露是白雪香槟的拥趸。

尔-垒-威尔图斯（Bergère-les-Vertus），设计师制作了一件陶瓷白的纯净的裙子进行包装。

而以摇滚姿态出名的耀眼设计师克里斯蒂安·奥迪吉耶（Christian Audigier），为杜曼疆香槟（Champagne Dumangin）的"女性特酿"（Féminine）设计的是件温柔的桃色斑点包装。

更为紧跟潮流且知名度远远超越时尚圈的伊夫·圣罗兰（Yvs Saint Laurent），当年曾希望将其新香水命名为"香槟"，但这一设想被香槟委员会拒绝了，最后香水的名字为"沉醉"（Ivresse）。这位时装大师并为自己辩护道：之所以这么做，是因为对香槟酒的忠诚由来已久，并且他曾经为著名舞蹈大师琪琪·让迈尔（Zizi Jeanmaire）设计过一套演出服装，包括一件黑色套头衫和众多羽毛，这套演出服被命名为"桃色香槟"。香槟从不缺少各类比喻，圣罗兰举起香槟杯说："如果将气泡酒比喻成成衣，那么香槟就是高级时装。"亨利·吉鲁（Henri Giraud），一位很聪明的阿依酒农，听了后很快将自己的品牌归到了圣罗兰旗下。

在伯瑞香槟酒庄（Champagne Pommery），人们还是忠实于过去标志性的人物。让娜·雅莉桑德林·露易丝（Jeanne Alexandrine Louise），被亲友们简称为"露易丝"，也是香槟省的知名女性之一，她用桃色眼光看待生活，或许是为了更好地忘记她在19世纪末就成为寡妇，而当时她还很年轻……在兰斯山的一个山巅，叫奇尼（Chigny）的地方——此处在1902年由总统下令改称为奇尼玫瑰（Chigny-les-Roses）——她在这里搭建了个很大的温室，恢复了传统的玫瑰与葡萄园的组合。酒庄的三款风土被列为特级庄，这样就为伯瑞酒庄提供了机会。在设计师娜塔莉格力高（Nathalie Gregor）的帮助下，酒庄制作出了一款珠宝级的、用玫瑰装饰的香槟特酿，以向露易丝致敬，这就是"露易丝特酿"（Cuvée Louise）。为了吸引年轻人的目光，伯瑞酒庄还发明了"波普"（Pop）套装，套装里是色彩鲜明的小瓶香槟，让人生出开始一段玫瑰之旅的欲望。这也是为未来的经典"桃红属地"（Rosé Apanage）特酿奠定基础。

魅力之酒

巴黎之花香槟始终坚持新艺术及美好时代的思路。而酩悦酒庄出品的皇家天然型桃红香槟（Brut Impérial Rosé）配上了一套带着亮片树脂滴的黑色薄纱包装，这是来自沙威尔·纳瓦罗（Xavier Navarro）和朱立安·福尼尔（Julian Fournier）的创意，他们也是酩悦香槟时尚大奖（Moët & Chandon Fashion Award）的获得者。打破枷锁，酩悦酒庄瞄准了当年因拍摄电影《上帝创造了女人》而成为感性之都的法国南部城市圣托佩斯（Saint Tropez）。这个城市里的酒吧独有一款名为"酩悦皇家冰冷"（Moet Ice Impérial）的香槟，瓶子是白色的，而且必须要以很摇滚的方式提供给顾客。那些拉玛图埃尔（Ramatuelle）海滩上的熟客们很快就明白了酒庄酿酒师本·努瓦古埃潜在的意图，他在向曾经组织过性感的"白夜"的艾迪·巴克莱（Eddie Barclay）致敬。

该由卡尔·拉格斐（Karl Lagerfeld）出场留下自己的烙印了。如果这位有着永恒马尾辫的时装界德国皇帝在创意领域走得更远，那一定是为了向香槟风土上圣人中的圣人——唐·培里侬致敬。在一个内饰为桃色小羊皮的电子吉他提箱里，整齐地放着六支年份香槟，包括1966年、1986年和1996年的，这就是"唐·培里侬桃色吉他经典"（Dom Pérignon Rosé Guitar Classic）。这个独一无二的套装投放到市场上后，售价不菲，可达到数十万欧元！带着哈苏相机，拉格斐顺势带着他最喜欢的两位超模：克劳迪娅·希弗（Claudia Schiffer）和伊娃·赫兹高娃（Eva Herzigova）拍摄了一组与香槟的合照。照片中，超模们姿态慵懒、引人爱恋，香槟

放在一个触手可及的地方，但又保持一定的距离，以示对香槟上徽章的尊重。

远离各种常规，让·保罗·高缇耶（Jean Paul Gaultier）选择了用乳胶和网眼来装饰天然型白雪香槟，他的创作动机源自"女性的魅力，来自乌合之众的巴黎，跳康康舞的巴黎"。这既是向昨日的巴黎红磨坊和画家图卢兹·罗特列克致敬；又是向疯马沙龙夜总会和那些舞蹈演员致敬，诸如洛娃摩尔（Lova Moor）、丽塔·卡迪

右下图：莱昂内托·卡皮艾罗（Leonetto Cappiello）设计的广告招贴画。画面显示的是1918年第一次世界大战结束后，为了庆祝胜利，人们迫不及待地开香槟庆祝。在当时，广告招贴画设计师经常将女性形象作为香槟酒的创作素材。

拉克（Rita Cadillac）或磁性琪塔（Cheetah Magnetic）……却没人想起著名的蓬巴杜夫人。

毫无疑问，出身布衣的美丽女子让娜-安东奈特·布瓦松（Jeanne-Antoinette Poisson）成为路易十五的情人之后，并没有否认她的享乐主义信条——"我的魅力？是香槟功劳"。随后，这一说法又在凡尔赛宫举办的舞会上得到了验证："醉颜如花，唯有香槟。"她几乎与上维莱尔教堂的唐·培里侬和唐·瑞纳特是同时代人，传言说她曾经以自己的乳房做模型做出了第一款香槟杯。1756年，弗朗索瓦·布谢尔（François Boucher）曾经绘制出一幅慵懒娇媚的蓬巴杜夫人画像，而这幅画在随后的两个世纪里给予众多画师以灵感，尤其是当他们画到香槟省的美丽女子，沙龙里或上流社会晚会上的女服务员时。

随后，在两次世界大战之间的美好时代，开始流行在马恩河船上娱乐会上或是在咖啡馆里的演出，随之而来的是些"在风中"或者在蒙马特高地或蒙巴纳斯的暗夜中燃烧的女子们。纳比（Nabi）画派纤细的铅笔勾勒出几

十位魅力女神，每一位都是那么快乐又令人渴望。这还是在莱昂内托·卡皮艾罗（Leonetto Cappiello）的红磨坊的时代，他是招贴画创作的先锋人物，他创作的是那位头发火红、丰满有型、腰身因紧身衣而纤细、完全懂得享受生活的女子。"香槟，不可拒绝的吸引"，他的同行雷内·格鲁欧（René Gruau）如此叹道。在格鲁欧的招贴画上可以看到一位妙龄黑发女子，腰身同样纤细，肆意地展示着自己的优势，将自己鲜红的嘴唇靠近一支高脚香槟杯。在过去，诱惑与肆无忌惮的杂乱总是与闹

CHAMPAGNE

...irrésistible attrait...

右下图：1949年的广告画，由雷内·格鲁欧（René Gruau）创作。

右页：经过让·保罗·高缇耶包装过的白雪香槟，是向昨日乌合之众的巴黎红磨坊和画家图卢兹·罗特列克致敬。

剧混在一起。那些为了喝酒而唱的歌曲，诸如
《倒给我点爱情酒》，现如今也远离我们。这
首歌当年是在庆祝圣文森特节的宴席上唱的。

无论是照片还是视频影像，比如酩悦香槟
的国际代言人斯嘉丽·约翰逊拍的那些，其魅
力更多是通过暗示所展现的。

赫尔穆特·牛顿（Helmut Newton），无
疑是位以欲望为创作源泉的大师，他是否曾
经梦想过一位女性会给他带来创作灵感呢？但
是，1991年通过的禁烟及限制酒精广告的《艾
万法》（Loi Evin）将欲望与魅力与魔鬼撒旦
挂钩。

在知名人士之后，比如伊莎贝尔·阿佳妮
（Isabelle Adjani）、斯嘉丽·约翰逊，伊娃·
赫兹高娃，阿德瑞娜·卡林姆博……其他酒
庄也开始展示自家优势。比如维塔丽（Vitalie）、
皮埃尔–埃曼努埃尔·泰亭哲（Pierre-
Emmanuel Taittinger）的女儿，而她的哥哥克
劳维斯（Clovis）则负责酒庄出口。在兰斯这
个帝王加冕的城市，叫克劳维斯真的是具有象
征意义（译者注：第一位在兰斯市加冕的国王
就叫克劳维斯。）。

如同一位代表性人物，维塔丽作为酒
庄的艺术总监表明酒庄又重新回到了自己
的根基上，毕竟是他父亲劝说她离开喜达屋
（Starwood）投资基金回到家族酒庄的。而且
在金融危机期间，有段时间酒庄被这个美国基
金收购。一张照片就将这位美丽女子演变成了
整个香槟省的形象大使。照片上的她穿着一身
黑色长裙，姿态优雅地站在兰斯市皇家广场
上，淋漓尽致地体现了精致的女人味。昨日还
是美国影星格蕾丝·凯利（Grace Kelly）代言
的"泰亭哲时刻"，今天就是她了。相互比较，

右侧图：路易十五的情妇知道自己
的信条："我的魅力？是香槟的功
劳。"［弗朗索瓦·布谢尔（François
Boucher）画于1756年］

几乎是同样的姿势、同样的裙子，但因《艾万法》（Loi Evin）禁止，而没有了透明酒杯，但却有同样的漂亮身形。

维塔丽明白上天的赐予，知道她所该做的事情。

她知道香槟是女人的酒。她同样也知道这款酒的调皮轻浮会给女性带来多大的能量来吸引男人，同时又能让男人们展示出其愉悦的一面。

气泡中的漂亮女子

女性与香槟的关系开始于法兰西帝国期间。1805年，弗朗索瓦·科里克欧（François Clicquot），同名酒庄的继承人，新婚不久便因高烧而离世，年仅30岁。他的太太巴尔博-妮可尔·蓬萨丹（Barbe-Nicole Ponsardin）在27岁时就突然成为寡妇。她的娘家兰斯家族还是很富有的，使她可以体面地从这不幸的命运中撤出，这也是完全值得尊重的。但是她没有，她的本质、她的性格占了上风、她将"寡妇"一词改变为自我防卫的武器。他的公公

右上图：名模凯特·摩丝（Kate Moss）和据说以她的乳房为模具制作的香槟杯。

考虑卖掉酒庄，她拿出"寡妇"这个词进行抵制，这个词不仅仅是一个法律武器，同时也是斗争的资本。于是，她掌握了酒庄的命运。她是一名铁腕女性，于是在历史上，在葡萄酒经销商这个纯粹的男性世界里，第一次有一位女性进入并掌控了其中一家。这家酒庄当时一年生产100 000瓶香槟，还于1804年在俄罗斯注册了自己的品牌。十年后，拿破仑皇帝因滑铁卢战役失败而被放逐到厄尔巴岛。这时，被香槟同行们敬称为"香槟省的伟大女性"的她完成了一项难以想象的挑战（这倒也符合她的座右铭：只有一个优点，凡事第一），不仅将传说因流星经过所以品质特别出色的1811年的酒卖到了莫斯科，甚至一直到卖到了圣彼得堡。沙皇的宫廷里为此而疯狂，作家普罗斯佩·梅里美甚至写道："科里克欧夫人是兰斯女王，她为全

俄罗斯提供饮料。在那里，人们称她为'科里克斯夫克依'（Klikosfkoé）；也根本不喝其他酒庄的酒。"从那时起，普希金和契诃夫开始成为她的使徒，将她的荣耀传递到了辽阔的草原之外。当具有创造力的她离世时，将代表她幸福时光的科里克欧酒庄与蓬萨丹酒庄永远地联系在了一起，全部销售量达到750 000瓶，全世界为她敞开了大门。

从1972年起，科里克欧-蓬萨丹夫人大奖每年将那些商界的杰出女性推向前台接受荣耀。27个国家和地区参与这项大奖。这应该算是科里克欧给这个世界的最后遗产。在今天，两位女性还在管理着自己的酒庄：伊芙琳·洛克-布瓦泽尔（Evelyne Roques-Boizel）和卡罗尔·杜瓦尔勒华。在她们之后，还有塞西尔·波纳丰（Cécile Bonnefond，海德歇克香槟经理）和玛格丽特·亨利凯斯（Margaret Henriquez，库克香槟）；也不能忘记娜塔莉·弗兰肯和伽兰诗·提埃诺（Garance Thienot，Thiernot集团市场部），当然还有维塔丽·泰亭哲。香槟省因此而自豪，人们称她们为："气泡中的漂亮女子"（Belles des Bulles）。

右页图： 当摄影与布景相结合，这是斯嘉丽·约翰逊，美丽的纽约女人，酪悦香槟的代言人站在一堆水晶金字塔前。

后两页图： 昨日还是美国影星格蕾丝·凯利（Grace Kelly）代言"泰亭哲时刻"；而今天是维塔丽·泰亭哲（P165），她也是泰亭哲品牌的创意总监，使该品牌延续着精致的女人味。

MOËT & CHANDON

CHAMPAGNE

SCARLETT JOHANSSON. MAISON MOËT & CHANDON. ÉPERNAY FRANCE

L'INSTANT
TAITTINGER

在女性的手中

心善却又铁腕：这就是可以用来形容那些跟随着巴尔博－妮可尔·蓬萨丹（Barbe-Nicole Ponsardin）（又称科里克欧夫人）充满创作力和志向的脚步，在各种无论大小的品牌里留下自己痕迹的女性们。在香槟地区，女性不仅仅是优雅的象征，同时也代表着权力。

"寡妇之争"：凯歌香槟－伯瑞香槟

凯歌香槟持有的葡萄园面积大概是393公顷，其中360公顷处于生产状态，分布在全产区17个特级园中的12个园中及44个一级园中的18个园中，遍布10多个风土，包括从兰斯大山到白丘；而伯瑞香槟的葡萄园分布也大概相似，面积为300公顷。

弗朗索瓦·科里克欧去世后三十年，路易－压力山大·博美里（Louis-Alexandre Pommery），一位在兰斯的羊毛生意人也开始了自己的香槟酒酿造事业。科里克欧去世后30年，巴尔博－妮可尔·蓬萨丹成为科里克欧寡妇。而路易－亚历山大也去世了。同样的悲剧，同样的场景。与"香槟省伟大的女性"一样勇敢，让娜－雅莉桑德林·露易丝·博美里（Jeanne-Alexandrine Louis Pommery）相貌平常，没什么妖娆之处，但性格易怒，掌控了家族酒庄。这个远距离的"寡妇之争"在香槟地区代表性人物众多的历史中留下了痕迹。

科里克欧夫人是创新并酿制第一瓶年份香槟的人（在1810年）。她加入到采摘的劳作人群中，自己品尝那些罐子中的酒，并自己尝试调配。酒塞的品质、如何捆绑酒塞、玻璃瓶子的厚度等对她来说没有任何秘密。1816年，也是她率先发明了转瓶台，这是可以使得瓶中的沉淀物逐步跟着瓶子的倾斜移到瓶口的设备。最后也是因为她调配布兹（Bouzy）的红葡萄酒而诞生了桃红香槟。她注重市场，针对美国市场，在1836年第一次贴出了"凯歌夫人香槟"的商标。

在这些富有创造力的年代之后，露易丝·博美里收购了靠近兰斯的、位于圣尼凯斯山的面积为50多公顷葡萄园，他打算在那里挖掘自己的石灰岩隧道。

P167 图：莱昂·科涅（Leon Cognier）创作的科里克欧夫人的画像，画面中还有她的重孙女，安娜·德·莫特玛（Anne De Mortemart）。**左页图**：凯歌夫人香槟酒庄记事簿和由科里克欧夫人发明的转瓶台。**右上图**：伊丽莎白·劳·德·劳丽斯顿（Elizabeth Law de Lauriston），著名的苏格兰银行家的后代，亲友称她为"莉莉"。她正在骑车巡查自己的葡萄园。

受教于英国文化，她参考英国都铎王朝的风格设计了酒窖塔。她当时的直觉是对的，开始进军英国市场，并在伦敦设立了办公室。这在当年也是第一。

科里克欧夫人于1866年辞世，享年89岁。她从1831年起的合作伙伴爱德华·威尔雷（Edouard Werlé）接任并坚持使用科里克欧家族的名字为商标。不仅如此，十年后他还发明了著名的黄色中透着橙色的凯歌夫人香槟商标。

露易丝·博美里夫人在1885年离世时享年66岁，她将家产传给她的女儿，她的女儿随后嫁给了居易·德·波利雅克男爵（Marquis Guy de Polignac）。

莉莉掌权

堡林爵（Bollinger）代表了阿依村的顶尖水平，是从历史上第三个与铁腕女性相关的知名品牌。伊丽莎白·堡林爵掌权还是20世纪的事情，无论是叫她丽丝、贝斯还是莉莉，根据远近关系不同，这位东印度贸易公司时代的苏格兰银行家劳·德·劳丽斯顿的后代，在1941年去世后，其先生雅克·堡林爵上台，掌握了这家成立于1829年的酒庄的未来。在1969年的时候，恰是酒庄成立70周年，她制作了一款法国老藤葡萄特酿（Cuvée Spéciale les Vieilles Vignes Françaises），这款特酿是用那些逃过法

国1860年根芽瘤菌病（Phylloxéra）存留下来的葡萄树上的果实酿制的。考虑到她的祖先与詹姆斯·邦德，这位存在于苏格兰作家伊恩·弗莱明想象中的英国特工，同为苏格兰人在有需要的时候偏爱堡林爵香槟也就不再令人惊讶了。

如果最后仅剩一位：罗兰百悦

在1812年，玛缇尔德-艾米丽·佩里耶（Mathilde-Emilie Perrier）还没有出生时，一位名叫皮埃罗（Pierlot）的酒桶工匠便将自己的家和企业安置到了马恩河图尔。70年后，当她的酿酒师丈夫欧仁·洛朗（Eugene Laurent）继承这家企业。这个家族企业非常繁荣，村子周边都是他们的葡萄园，甚至还延伸到了以法式园林著称的璐瓦城堡（Château Louvois）。1887年，欧仁·洛朗过世，玛缇尔德-艾米丽成了寡妇。当时在香槟省这种情况不少见。她将自己的家姓与去世丈夫的姓氏组合在一起，成立了一个商业品牌，并且开始进攻英国市场。

第一次世界大战打断了她的脚步，但在第二次世界大战后，尤其是在1949年后，该企业飞速发展。到了20世纪80年代，罗兰百悦已经是排行前五的香槟品牌。

玛缇尔德-艾米丽精神的传承已经得到了贝尔纳·德·侬南库尔（Bernard de Nonancourt，来自岚颂家族）的保证，直接体现在"伟大世纪特酿"（Cuvée Grand Siècle）这款酒的微妙搭配上（选用了特级园及部分年份特酿进行调配）。酒标由黑色和金色组成，带着太阳王路易十四的头像——伟大的时代就是路易十四的时代，他照亮了17世纪。为了回忆凡尔赛宫曾经的辉煌，罗兰百悦伟大时代特酿将巴黎杜伊勒里公园（Tuilleries）的法式风格带到了英国的鲜花展览会上，这真是一段关于杰出产品与优雅花园的爱情故事。2009年，罗兰百悦展示的"五根树枝的树"上布满了用郁金香酒标制成的花朵，让评委会叹为观止。每年，众多艺术家和园林家都响应"转瞬即逝的花园"这个活动。著名的花园建筑设计室Cao&Perrot、Gilsoul和TomStuart-Smith等这些国际金牌设计室或建筑设计金球奖获得者等人或机构的参与让罗兰百悦品牌更富有生机。

香槟大使馆

从2000年起，香槟地区开始了它的威望之旅。首先与极具威望的香槟丘陵骑士团（Ordre des Coteaux de Champagne）合作开始。众所周知，骑士团的指挥官们一般都是著名品牌香槟的负责人，这也重新恢复了香槟伯爵的历史传统，他们曾经是古时骑士们的左膀右臂。同样也有其他的机构，比如香槟委员会（CIVC）和以传颂圣文森特的总兄弟会。

从公元12世纪的第二个春天，雨歌一世（Hugues 1ᵉʳ）宣告自己成为香槟伯爵开始，有多少气泡和起泡酒流过……这块领地上自从克罗维斯（第一任法国国王）加冕后，那些戴着皇冠的人物已经数不胜数，过去的香槟省就像一张展开的巨大徽章。在法国，没有任何地方可以比拟香槟省的家族根源和王朝传统，尽管说这个高贵的产区仅仅是34 000公顷，或者说仅相当于法国葡萄种植总面积的3.4%。

香槟省的富饶不仅体现为橱窗里的酒：每年有3亿瓶酒被送到全球各地，储藏在地下的酒则达到了十亿五千万瓶之多！而且，其富饶首先是对家族根源的尊重和代代相传的价值观。我们最近已经看到了可以说最明确不过的方式：当泰亭哲集团45位继承人决定出售家族产业，包括那些顶尖地产，诸如巴黎的克里咏饭店（Hotel Crillon）或鲁特西亚（Hotel Lutécia），还有在戛纳的仿若装饰艺术珠宝一样的马丁内斯酒店（Hotel Martinez），和著名的豪华水晶品牌巴卡拉（Baccarat）时，作为家族的最后一位继承人，皮埃尔-埃曼努埃尔·泰亭哲，就像是香槟伯爵的精神继承人一样，

戴上头盔、挥舞手中的剑冲向了重新出征的战场。从兰斯的武器柜中，他挑选了防止家族财产分裂的盾牌。仅仅几年，他便做出了个疯狂的赌注，要重新擦亮家族的徽章，从美国基金集团里购回泰亭哲香槟酒庄。最初，美国基金集团是以5.6亿欧元收购的酒庄……由此看来，用法国第一位在兰斯加冕的国王的名字给自己的儿子起名的确不是偶然，儿子马上回到了父亲身边。2007年。头发在风中飘逸，微笑挂在嘴边，皮埃尔-埃曼努埃尔·泰亭哲成为香槟丘陵骑士团指挥官时，他真的是作为香槟伯爵的精神遗产继承人出现的，也未忘记香槟伯爵的徽章还在家族酒庄的一款特酿商标上。他重新拾起了家族的未来命运。

口感大使

但这香槟丘陵骑士会到底是做什么的呢？尤其是看到那些穿着黑色披风的要人们，披风的内衬是香槟色的，还有个黑色翻领。这些人说着同样的誓言，一同举杯，杯里装着享誉世界的香槟酒。浏览一下由香港高端酒窖

Spike Cellar提供素材的葡萄酒博客，将有助我们了解这个骑士会。比如说，他们在博客里提到了骑士会在香港君悦大酒店举办的最近一次活动上所展示的13种酒。该酒店靠近珠江。中国香港是在2012年加入骑士会的。

菜单里显示的是中餐，但又带有法式美食的风格。那被挑选的香槟呢？仅是看一下产区的名字就已经让人可以想象出香气、垂涎欲滴了。我们列出这个名单，丰富一下大家的想象力，它们全部是天然型香槟，所以代表着不同酒庄的水平：

贝斯拉特德贝尔丰、僧侣特酿白中白/德兹、威廉德兹1998年份香槟/高塞、1998超天然名人年份香槟/约瑟夫·佩里耶（Joseph Perrier）、2002年皇家特酿天然型香槟/罗兰百悦、桃红天然型特酿/GH玛姆、白中白/塔布里耶（Drappier）、2002年份出色香槟/岚颂、天然型贵族特酿、1995年款/泰亭哲、2000年白中白香槟伯爵特酿/巴黎之花、美好时代、白中白

右上图：在所有香槟丘陵骑士团指挥官中，在图片中间的是法布里斯·罗塞（Fabrice Rosset），他是德兹香槟的董事长，也是最新一位被同行推选为指挥官的成员。

右下图：非常优雅的德兹香槟酒瓶的瓶颈，上面刻有德兹的徽章。

2002年款/路易王妃、2004年水晶香槟/沙龙帝皇（Billecart-Salmon）、1998年份款尼古拉斯·弗朗索瓦·碧叶卡特（Nicolas François Billecart）特酿/阿兰·提埃诺（Alain Thiénot）、1999年份款阿兰·提埃诺伟大特酿。

从这个酒单我们可以看到骑士团举办仪式接纳新成员的过程就相当于是一次口感之旅。

香槟丘陵骑士团不是一个外在的身份象征，其总部办公室设在兰斯市内的以拿破仑时代及复辟时代最聪明的外交官塔列朗命名的街上也不是一个纯粹偶然。骑士团的口令也证明了这点，其口令是："归属于那些认为香槟也是一种生活艺术的人。"这证明骑士们并不是那些17世纪自认殷实或爱好生活的贵族们，这些人曾经被诗人布瓦雷欧（Boileau）所嘲讽，又在一部据说是维莱尔写的喜剧中出现。看看当时对骑士们的调侃；"这是些很雅致的人，热爱生活、爱吃好东西，但对这些好东西的了解也仅仅限于经验，又确认自己有着法兰西最好的又最值得肯定的口感。"

香槟骑士团的当代日志是1956年由酒农和业主罗杰·高谢尔（Roger Gaucher），他还创立了葡萄骑士团的香槟指挥部，以及记者乔

治·普拉德（Georges Prade）共同撰写的。通过这个日志，人们了解到，还是一位泰亭哲——这次是弗朗索瓦——在这葡萄酒人才更迭的年代里，让我们了解到这个由这些嗜酒的人组成的骑士会，虽热衷于交往，但不粗俗放荡，是他们将香槟省的徽章带到了全球各地。

千禧年后的2001年，当弗朗索瓦－沙威尔·莫拉（François-Xavier Mora），马恩与香槟（Marne et Chqmpagne，包括岚颂香槟、贝斯拉特德贝尔丰香槟）集团董事长出任骑士团指挥官后，骑士团决定走出法国国界。在这两年任期里，弗朗索瓦－沙威尔作为指挥

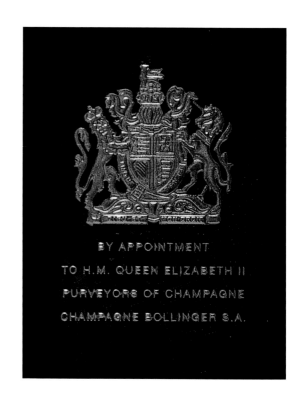

右下图：位于阿依的堡林爵酒庄荣耀之一：经女皇伊丽莎白二世陛下同意……

官推选了众多体育界的明星人物，比如米歇尔·普拉蒂尼，也请国际名模阿德瑞娜·卡林姆博来代言自己的岚颂香槟酒庄。作为同行，酩悦香槟也签下了意大利著名影星欧尼拉·穆蒂（Ornella　Muti），从圣母安康大教堂（la Salute）到海洋海关，途中经过丽亚托桥，在威尼斯拍摄了一组宣传片。

14位杰出人物——酒庄庄主、董事长和酒农，除了一位记者是例外——其余的人均来自著名的香槟省金三角——兰斯、埃佩尔内和阿依——曾经佩戴过象征着骑士团指挥官的黄色夹带灰色反光的勋章，勋章挂在一个红色和金色混搭的项链上。

只有一位——米歇尔·德拉皮埃（Michel Drappier，德拉皮埃香槟酒庄庄主）·获得了一个特例：他升职为最高长官的仪式在特鲁瓦（Troyes）举办，因为他出生在这个城市。在皮埃尔-埃曼努埃尔·泰亭哲就任指挥官之前，皮埃尔·舍瓦尔，这位独立香槟酒庄庄主［伽提努瓦香槟（Champagne Gatinois）］是香槟地区在联合国教科文组织申遗活动中起到重大作用的人，也曾经作为骑士团最高长官，将这个骑士团带到了一个新的高度。

截止到今日，整个骑士团有4 000人，他们遍布全球，每年会举办20多次仪式，法国国内、国外举办的次数相仿。每年在香槟省有三个正式仪式，以证明与葡萄生长期的关联——葡萄花季、春季和采收季。在这些仪式的正式晚宴上，最好的酒都会被拿出来，无论是新近被任命的骑士，还是那些晋级的骑士都要说出一段誓言："我发誓成为葡萄树及香槟酒的忠实保卫者，而我的行为符合忠诚的香槟丘陵骑士团骑士（要求）。"

右下图： 在著名的纽约时代广场上的一幅酩悦香槟的巨幅广告。

为了对香槟省的爱

香槟所代表的快乐生活是完全融合在法兰西艺术生活中的。骑士团在法国国外由大使馆和领事馆来代表，这一举措也加强了香槟委员会（CIVC）的橱窗效应。香槟委员会管理葡萄种植者们、酒农们和1882年成立于兰斯的香槟酒庄联盟所代表的知名品牌的共同利益。

香槟骑士团的骑士们游走于全球各地，随身携带着珐琅奖牌和不同级别不同色彩的勋带（绿色为骑士，黄色为军官），以便在举办仪式时颁发给那些符合条件的人。从斯德哥尔摩到东京、从北京到纽约，香槟委员会则搭建了一个坚实的网络，真正保证了香槟在这些地区里的未来。如是要保卫香槟原产地证明，没有别的方法比这种网络更好。因此，感谢香槟委员会，就好像是未来教科文组织认证大餐开始前的开胃菜一样。巴西国家工业产权学院在巴西和法国首脑的监督下，正式登记了香槟原产地保护证明。无论在何方，无数跳跃的气泡将这些基本价值与需要保护的区域联系在一起。香槟委员会在国外的代表处总计有18个。在全球不同的天空下，但凡有节日，香槟委员会就将香槟与快乐生活联系在一起。在意大利，它将流行及摇滚音乐与香槟连在一起，仿佛要给气泡带来些刺激；在墨尔本，它赞助一次专业的品鉴比赛；在英国，它更多是将香槟与艺术摄影连在一起。更好的是，香槟委员会在欧洲范围内创建了"香槟大使竞赛"。

这些豪华的气泡走向世界，但骑士团到现在还没有推选过一位女性为指挥官，这也说明女性还有些事情要奋斗，或早或晚，总会有位女性戴上指挥官的勋带。

右页图：烛台、玫瑰、郁金香杯和与酩悦香槟配对的餐单，一切都为了细致的晚宴。

30 000 欧元，
经历沉船的香槟价格

　　2400瓶白雪香槟从1916年被击沉的延雪平船上打捞出来已经是件大事情，而凯歌香槟在其石灰岩酒窖隧道入口处陈列一瓶19世纪香槟，这瓶香槟是一批共47支中的一支，它们是从芬兰海岸线上的一条19世纪沉入海底的帆船上打捞上来的！

　　在这170年中，这些香槟在50米的海底深处静静躺着，周围是昏暗的环境和冰冷的温度。奥兰群岛（芬兰的一个自治省）拥有这批未受到损伤的香槟酒的60％的所有权。

　　经过专家鉴定，特别是经过对酒塞，对科里克欧夫人的信件，对酒窖出入库记录，以及对企业240年文献的挖掘研究，人们几乎可以确定这批香槟酒的准确酿造时间。这批香槟中的第一支，瓶里还有点气泡，也被认为是世界上最老的葡萄酒之一，而且还能饮用，在拍卖行以30 000欧元卖出。这是在2011年芬兰的玛丽港（Mariehamm）的拍卖会上。

右页图： 在兰斯展出，这瓶被救出的香槟酒成为在圣尼凯斯街区隧道里的参观热点。

奉献出最好的

在香槟丘陵骑士团中，不是仅有男人。在每次仪式上，大家都很高兴地接纳"女骑士"，包括作家，比如伊莲·弗兰（Irene Frain）和阿梅丽·诺东（Amelie Nothomb）；还有知名女侍酒师和知名女记者。那问题是：如何对待比如娜塔丽·弗兰肯、维塔丽·泰亭哲、塞西尔·波纳丰（白雪香槟），或者是来自南美的代表性人物玛格丽特·亨利凯斯［Margaret Henriquez，简称玛吉（Maguy）］。她来自委内瑞拉，在另外一个产酒之国阿根廷有过三次极其成功的酒庄经营故事后来到香槟省，与家族的第六代传人奥利威尔·克鲁格（Olivier Krug）一起奋斗，希望将库克香槟品牌重新送达新的荣耀中，而昔日只有那些特别懂行的香槟爱好者才会品鉴这个品牌。库克香槟酒庄的人们从创始人的笔记中找到了当年的座右铭："奉献出每年的最好。"对于玛吉来讲，没有什么好年份、坏年份，只有年份酒。说到做到，她将自己的生产秘密通过一个酒瓶展示出来。用智能手机上的应用程序扫描一下瓶上的编码，人们就能得到这瓶酒的信息，比如"伟大特酿（Grande Cuvée），ID 312036"，然后人们便能知道这瓶酒在搭配中使用的年份最老的酒是1990年的、最近的是2005年的，酒塞是在2012年夏天被加上丝扣的。于是人们会明白，为了这瓶酒，20年的时光已经流逝，每瓶酒的后面都有一个故事；人们也能回忆起2005年，夏季曾经是酷热的。这一切都是有意义的。如果134种产自不同地块的葡萄经过静心挑选制作出基酒，那么酿酒师埃里克·勒贝尔（Eric Lebel）就做了134次酒农要酿制出杰出葡萄酒的梦。这些酒会转站于位于地下20米深的150个不锈钢罐中，每个不锈钢罐都是经过个性化处理的，环境温度为10摄氏度。在这

右下图：一辆劳斯莱斯轿车停在葡萄园里。这不是幻觉，是库克香槟优雅的外在标志。

右页图：通过水晶般透明的香槟，我们可以了解这瓶酒的来历：勒梅尼，库克香槟的瑰宝之一。

品 味 香 槟

里，杰出的葡萄酒慢慢熟成。为了调配2021年份酒，会从这150个不锈钢罐中选择145个。

每每谈到她的这些珍藏，玛吉都觉得自己找不到足够的词来形容，特别是那些库克酒庄所拥有的墙内（Clos）名酒。矮墙保护的那片在欧哲乐·梅尼（Le-Mesnil-sur Oger）的葡萄园（仅1.84公顷）是从1689年开始种植的；而在昂博奈（Ambonnay）的墙内葡萄园更小，才0.68公顷。但这里产出的是最好的果实。玛吉自己说，好像也是为了唤醒那些沉睡中的价值，"在香槟省，不能依赖传统，也不能天天谈论现代。必须要有个愿景。"

成立于1930年，凝聚了香槟省所有的村落。对于她来讲，每一次交旗接旗都是很庄重的仪式。2014年，轮到维特雅特葡萄园圣文森特委员会（联合了15个村镇）接旗，在埃佩尔内他们很虔诚地从阿维内（Avenay-Val-D'or）兄弟会手中接到总会旗。身上穿着香槟披肩，披肩上还戴着总兄弟会的金扣和香槟丘陵骑士团的徽章，伊芙琳·洛克-布瓦泽尔走在这支颂扬圣文森特的游行队伍的最前列，身后跟随着香槟委员会的菲利普·维博特（Philippe Wibrotte）。美式管乐队演奏着音乐，伴随着

传统与愿景

有这么一位女性，她将传统印在彩旗上高高举起，但同时她也有愿景，她就是伊芙琳·洛克-布瓦泽尔（Evelyne Roques-Boizel）。1972年，她的父亲过早离世，她与丈夫克里斯托弗一起，接过了成立于1834年的家族企业（Boizel，布瓦泽尔香槟）。与莫里斯·弗勒侯（Maurice Vollereaux）一样，她也是香槟兄弟会总会（l'Archiconfrérie）的主席，总会

右侧图：阿依，堡林爵酒庄。

酒桶工们的合唱，香槟沙隆的主教为这1 200人的游行队伍祈祷赐福，参加游行的人装着各式传统服装、头饰和帽子，还有酿酒师的围裙，葡萄酒农与香槟经销商们以同一步伐走在一起。每次喊起颂扬葡萄园保护者圣文森特的口号时，他们都同声赞美……

右侧两图：布兹镇的圣文森特兄弟会走在游行队伍的最前端，带头人里可以看到莫里斯·弗勒侯与伊芙琳·洛克–布瓦泽尔，他们不仅是酒农们的代表，也是总兄弟会的联合主席。

香槟省葡萄园分布

圣提埃里群山

Fismes

兰斯

阿尔德谷

Ville-en-Tardenois

马恩河谷

埃佩尔内

Verzy

兰斯山

提埃里城堡

Dormans

白丘

阿维兹

威尔图斯

Charly-sur-Marne

塞赞娜

塞赞娜丘

Villenauxe-la-Grande

Vitry-le-François

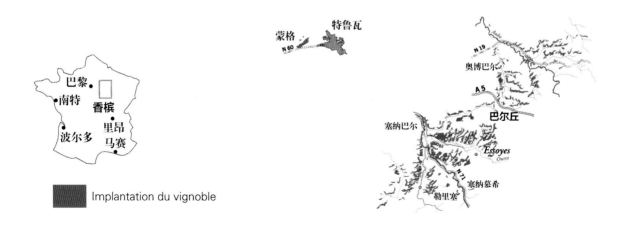

蒙格

特鲁瓦

奥博巴尔

巴尔丘

巴黎

南特

香槟

里昂

塞纳巴尔

波尔多

马赛

Essoyes

塞纳慕希

勒里塞

■ Implantation du vignoble